普通高等教育"十一五"国家级规划教材

工程图学基础习题集

第 4 版

主 编 丁 一 王 健

副主编 李奇敏 冉 琰 罗远新 王建宏

中国教育出版传媒集团

高等教育出版社·北京

内容提要

本习题集是在第3版的基础上修订而成的，与丁一、王健主编《工程图学基础》（第4版）配套使用。本习题集内容编排顺序与教材一致，主要内容包括制图基本知识、正投影基础、基本体及体表面交线、SOLIDWORKS三维实体建模、组合体、机件常用表达方法、标准件及常用件、零件图、装配图等。

本习题集主要章节后设有自测题，书后附有两套综合测试题（分别适用于少学时与多学时），章节自测题及综合测试题均给出分值，并给出了参考答案，以方便学生对学习情况进行检验。本习题集配套有电子习题解答，部分复杂习题配有三维模型、装配视频或典型题解（可扫二维码查看）。

本习题集可作为高等学校非机械类、近机械类各专业的教材，也可供其他类型院校相关专业选用，亦可供工程技术人员参考。

图书在版编目（ＣＩＰ）数据

工程图学基础习题集 / 丁一，王健主编 . --4版
. --北京：高等教育出版社，2023.9（2025.9 重印）
ISBN 978-7-04-060934-9

Ⅰ.①工…　Ⅱ.①丁…　②王…　Ⅲ.①工程制图－高
等学校－习题集　Ⅳ.①TB23-44

中国国家版本馆CIP数据核字（2023）第143839号

Gongcheng Tuxue Jichu Xitiji

策划编辑　宋　晓	责任编辑　宋　晓	封面设计　李卫青		版式设计　童　丹
责任绘图　邓　超	责任校对　陈　杨	责任印制　张益豪		

出版发行	高等教育出版社	网　　址	http://www.hep.edu.cn
社　　址	北京市西城区德外大街4号		http://www.hep.com.cn
邮政编码	100120	网上订购	http://www.hepmall.com.cn
印　　刷	北京中科印刷有限公司		http://www.hepmall.com
开　　本	787mm×1092mm　1/8		http://www.hepmall.cn
印　　张	16.5	版　　次	2008 年 5 月第 1 版
字　　数	220 千字		2023 年 9 月第 4 版
购书热线	010-58581118	印　　次	2025 年 9 月第 6 次印刷
咨询电话	400-810-0598	定　　价	34.40 元

本书如有缺页、倒页、脱页等质量问题，请到所购图书销售部门联系调换
版权所有　侵权必究
物　料　号　60934-00

工程图学基础习题集

第4版

主编 丁一 王健

1 计算机访问 http://abook.hep.com.cn/12345210，或手机扫描二维码,下载并安装 Abook 应用。

2 注册并登录,进入"我的课程"。

3 输入封底数字课程账号(20位密码,刮开涂层可见),或通过 Abook 应用扫描封底数字课程账号二维码,完成课程绑定。

4 单击"进入课程"按钮,开始本数字课程的学习。

Abook

工程图学基础习题集
(第4版)

工程图学基础习题集(第4版)数字课程与纸质教材一体化设计,紧密配合。数字课程资源涵盖多媒体课件、动画、三维模型等,极大地丰富了知识的呈现形式,拓展了教材内容。在提升课程教学效果的同时,为学生学习提供思维与探索的空间。

| 用户名: | 密码: | 验证码: | 3703 忘记密码? | 登录 | 注册 | 记住我(30天内免登录) |

课程绑定后一年为数字课程使用有效期。受硬件限制,部分内容无法在手机端显示,请按提示通过计算机访问学习。

如有使用问题,请发邮件至 abook@hep.com.cn。

扫描二维码
下载 Abook 应用

http://abook.hep.com.cn/12345210

第 4 版前言

本习题集是在第 3 版的基础上，根据教育部高等学校工程图学课程教学指导分委员会 2019 年制订的《高等学校工程图学课程教学基本要求》，结合编者多年来进行工程图学教学改革和课程建设的经验，吸取国内同类习题集的精华修订而成的。本习题集与丁一、王健主编《工程图学基础》（第 4 版）配套使用，主要内容包括制图基本知识、正投影基础、基本体及体表面交线、SOLIDWORKS 三维实体建模、组合体、机件常用表达方法、标准件及常用件、零件图、装配图等。

本套教材基本理论以"必需、够用"为度，以"掌握概念、强化应用"为原则，精简了画法几何中繁难且不常用的内容，以体的投影贯穿始终，着力培养学生的空间思维能力。

本习题集主要章节后设有自测题，书后附有两套综合测试题（分别适用于少学时和多学时），对于这些自测题、综合测试题，均给出分值及参考答案，以方便学生对学习情况进行检验。本习题集配套有电子习题解答，部分习题配有三维模型、装配视频或典型题解（可扫二维码查看）。

本习题集由丁一、王健任主编；李奇敏、冉琰、罗远新、王建宏任副主编；参加本次修订工作的有：重庆大学丁一、王健、李奇敏、冉琰、罗远新、王建宏等。

上海交通大学蒋丹教授认真审阅了本习题集，并提出了许多宝贵意见和建议，在此表示衷心感谢。

由于作者水平有限，疏漏在所难免，敬请读者提出宝贵意见，编者邮箱为 dingyi@cpu.edu.cn。

编　者

2023 年 5 月

目 录

第1章 制图基本知识

| 1-1 字体练习 | 专业班级 | 学号 | 姓名 | 1 |

1. 横、竖练习。

一 二 三 四 上 中 下 山 川 丁 十 玉 正

2. 点、挑练习。

小 心 点 比 去 红 兴 兆 火 六 设 计 均

3. 撇、捺练习。

八 人 大 厂 水 公 自 有 千 手 件 边 长

4. 钩、折练习。

四 五 寸 力 九 马 凸 气 孔 化 匀 及 户

5. 常用字练习。

工 程 制 图 机 械 制 图 国 家 标 准 装

配 齿 轮 支 架 箱 座 键 销 轴 班 级 处

6. 数字练习。

01234567890123456789012345 6

7. 字母练习。

ABCDEFGHIJKLMNOPQRSTUVWXYZ

abcdefghijklmnopqrstuvwxyz

1. 完成图形中对称的各种图线。

(1)

(2)

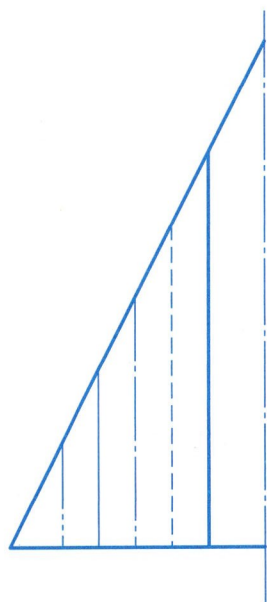

(3)

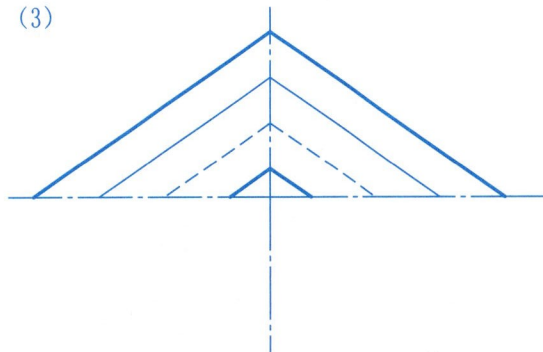

(4)

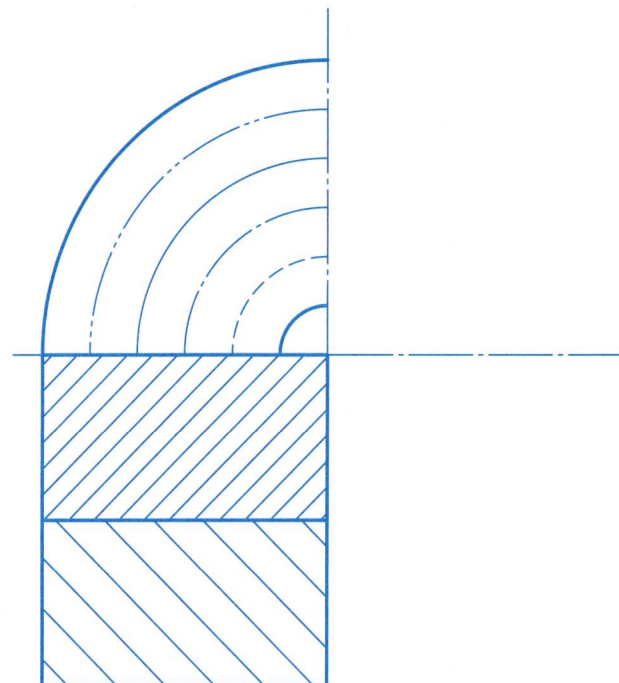

2. 在指定位置抄画下图。

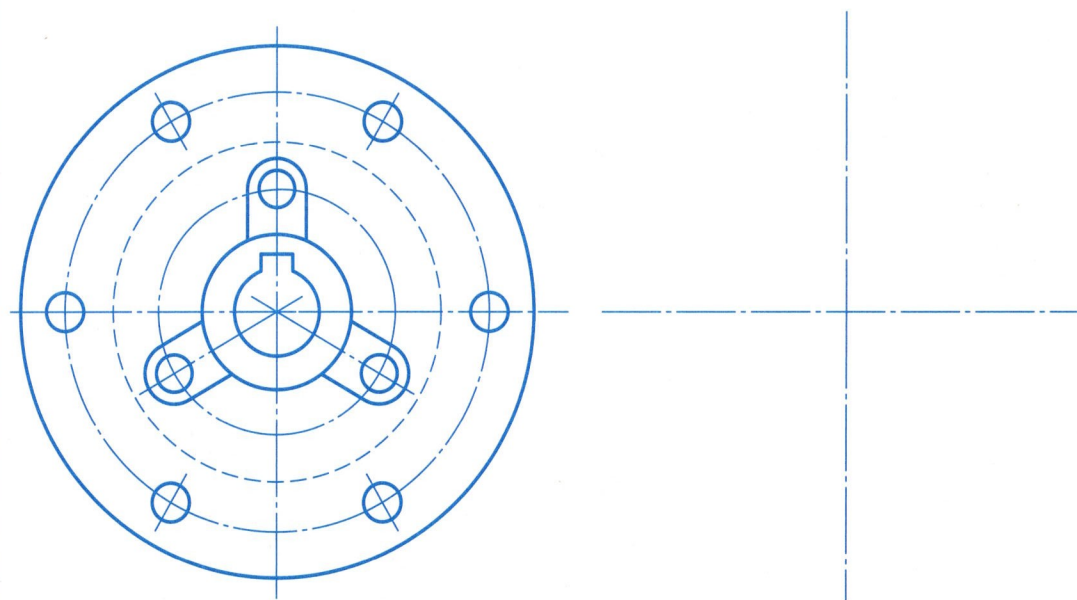

1. 在圆中作内接正六边形。

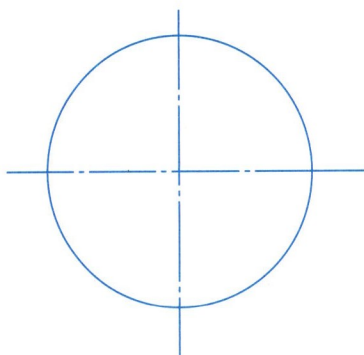

(a) 角顶在水平中心线上　　　　(b) 角顶在垂直中心线上

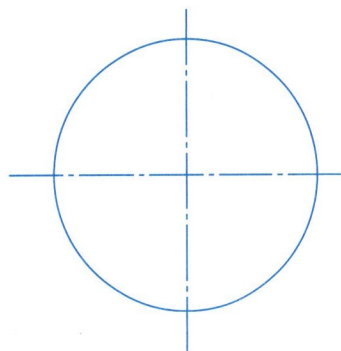

2. 在圆中作内接正五边形。

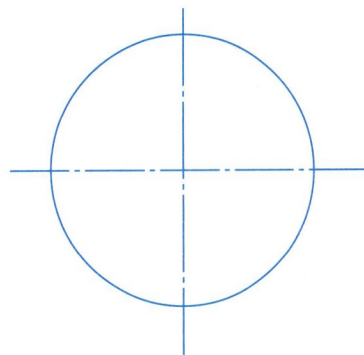

3. 参照标注的尺寸及斜度和锥度,按1:1的比例在给定的图形下方绘制图形。

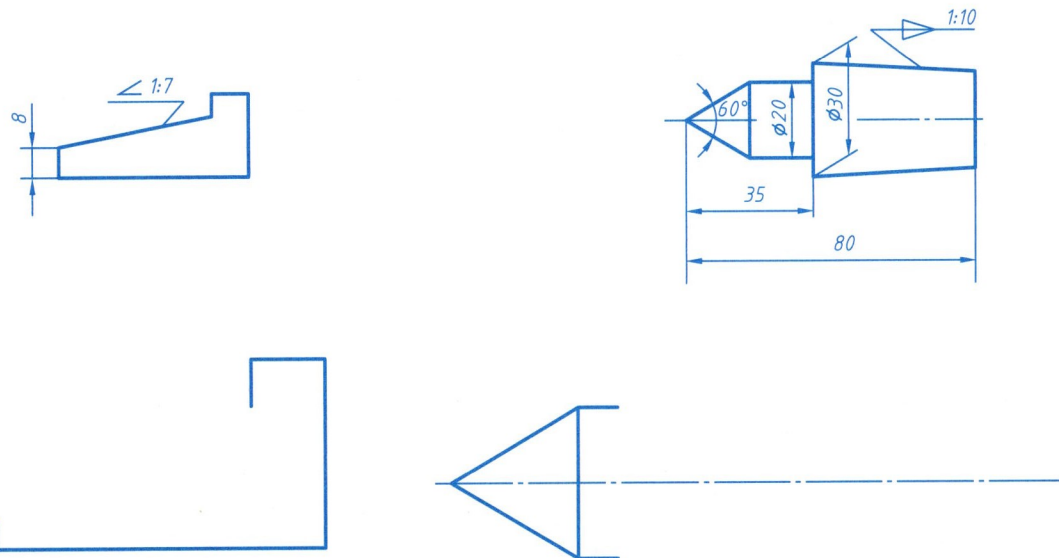

∠1:7
8

1:10
60°
Φ20
Φ30
35
80

4. 仿照左图标注尺寸。

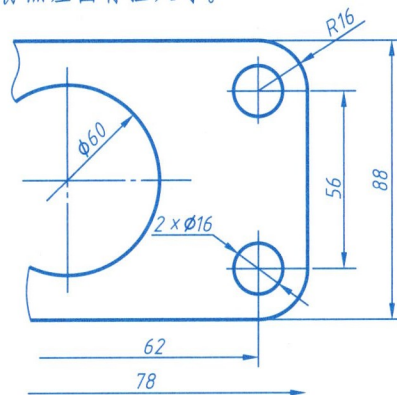

R16
Φ60
56
88
2×Φ16
62
78

5. 在下图中填写尺寸数字(下图按1:2的比例绘制)。

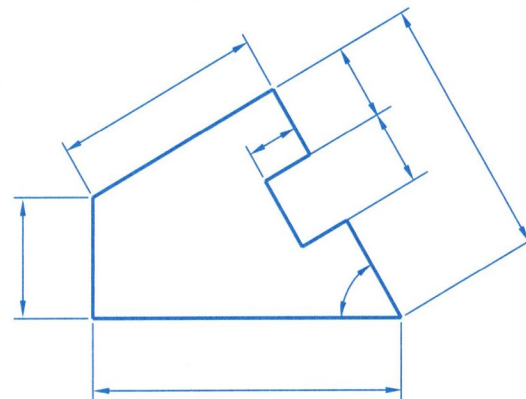

6. 尺寸注法改错:将正确尺寸标注在右图上。

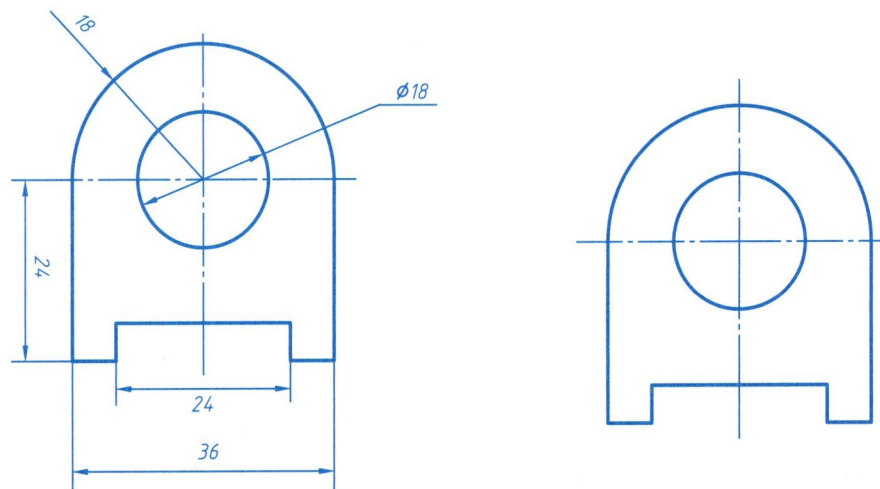

18
Φ18
24
24
36

1. 参照标注在左图上的尺寸，按 1：1 的比例在指定位置画全图形。

2. 选用适当的比例在 A3 图纸上绘制以下平面图形。

（1）

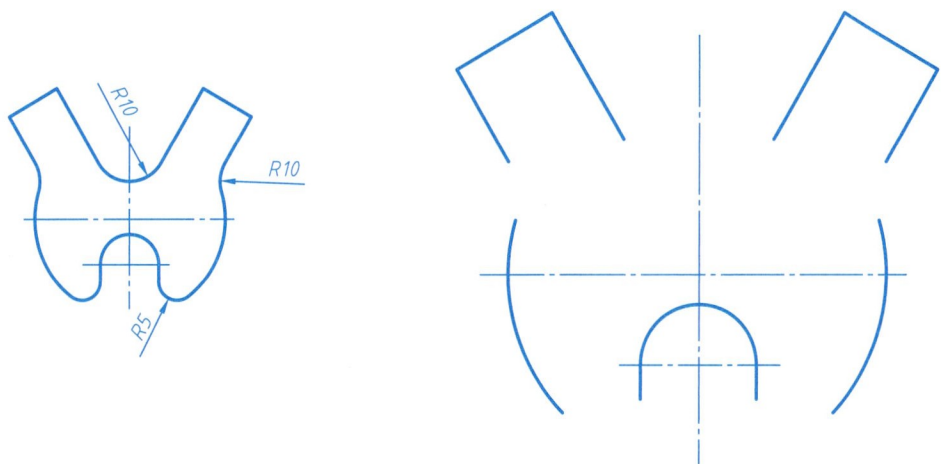

（2）

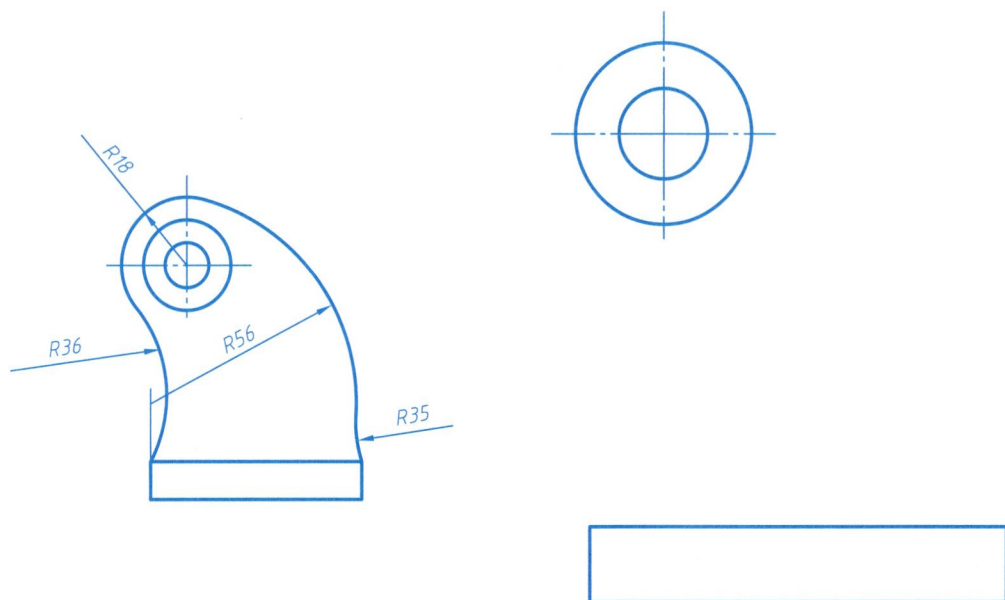

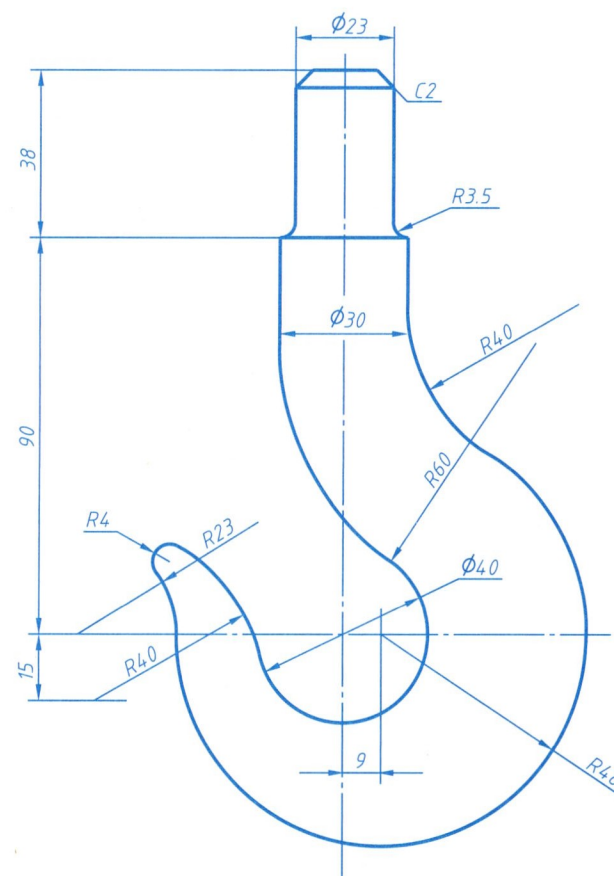

典型题解

1. 填空。(29分)

(1) 图样中可见轮廓线用_____绘制,不可见轮廓线用_____绘制,当图样中的图线(粗实线、细虚线、细点画线)重合时,其优先表达顺序为_____、_____、_____。

(2) 粗实线线宽是细实线线宽的___倍,图样中的两条图线相交应以_____相交,而不应该在_____处相交,如画圆的中心线时,圆心应是两条细点画线_____的交点。

(3) 细点画线的两端应为_____画,凡是细点画线都应超出图线轮廓线_____mm。

(4) _____与_____相应要素的线性尺寸之比称为图样的比例.比例1:2是指_____是_____2倍。

(5) 画图时应尽量采用_____比例,必要时才采用放大或缩小的比例,1:2为_____比例,2:1为_____比例.无论采用哪种比例,图样上标注的尺寸都应该是物体的_____尺寸。

(6) 图样中的线性尺寸以mm为单位时,不标注_____,否则应注明_____。

(7) 图样中的一个尺寸由_____、_____、_____和尺寸数字四项内容组成.尺寸线_____用其他图线代替,也_____与其他图线重合或画在其他图线的延长线上。

(8) 线性尺寸尺寸数字的注写方向应是:水平方向的尺寸数字字头朝_____,竖直方向的尺寸数字字头朝_____或水平书写在尺寸线的中断处.角度尺寸尺寸数字一律_____注写。

2. 指出下面左图中尺寸标注的错误,并在右图上进行正确标注。(18分)

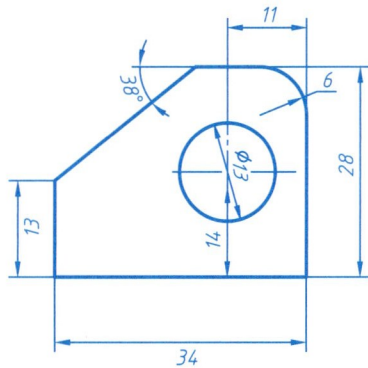

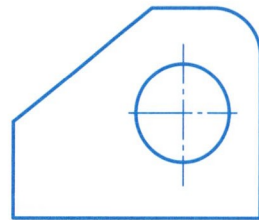

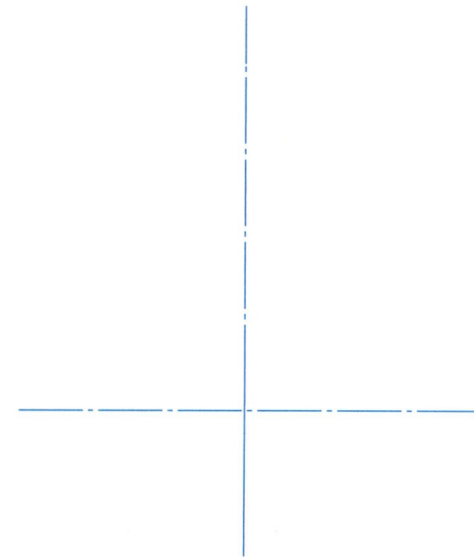

3. 按1:1的比例在右侧绘制下图。(53分)

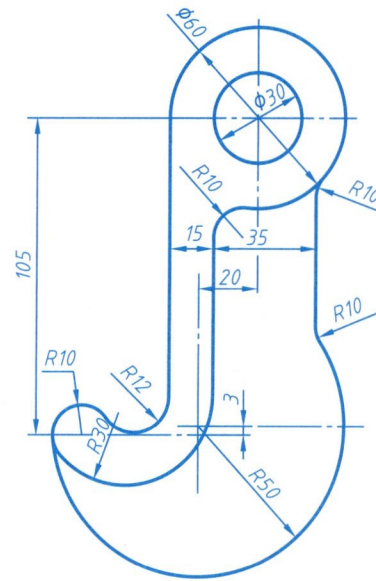

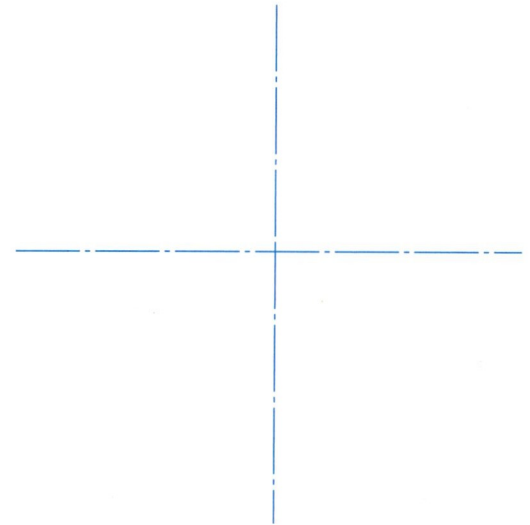

| 2-1 三视图练习 | 专业班级　　学号　　姓名 | 6 |

1. 根据三视图找出相应的立体图,并在括号内填写相应的编号。

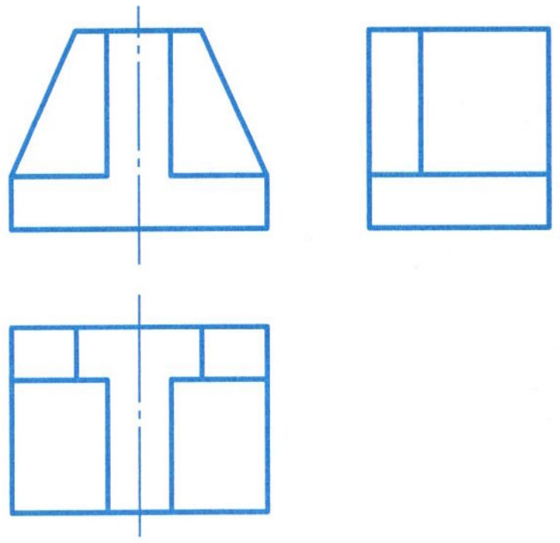

( )　　　　　　　　　( )

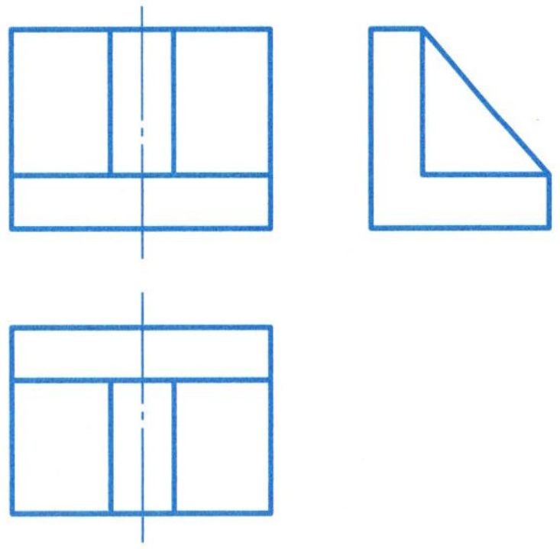

( )　　　　　　　　　( )

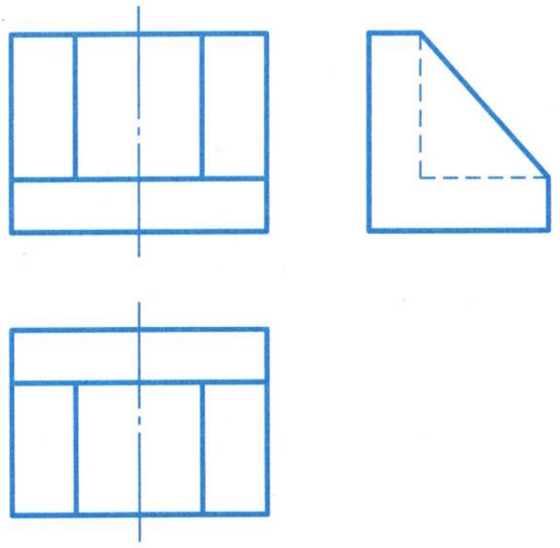

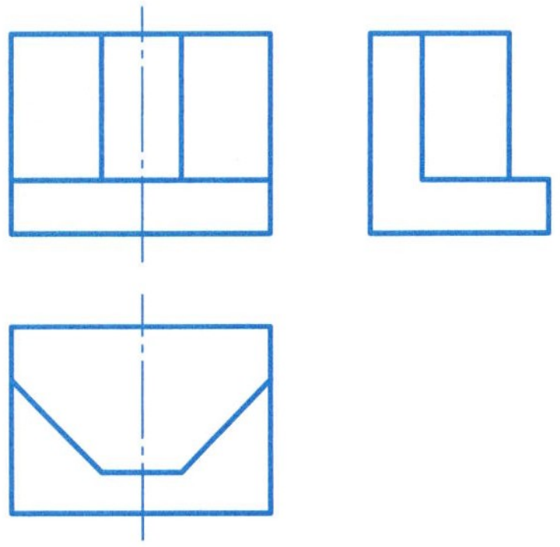

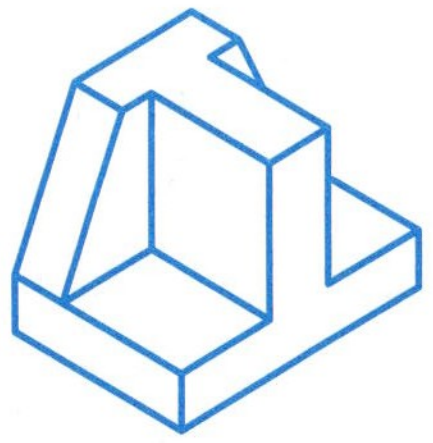

(1) 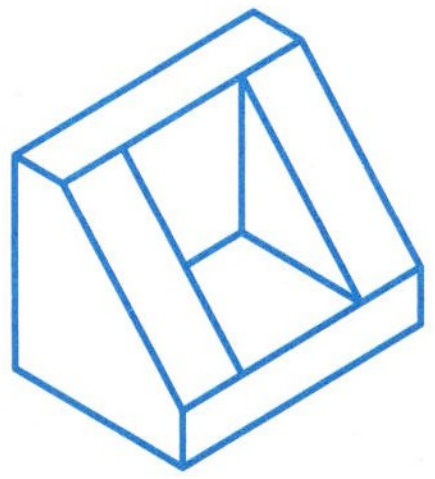　　(2) 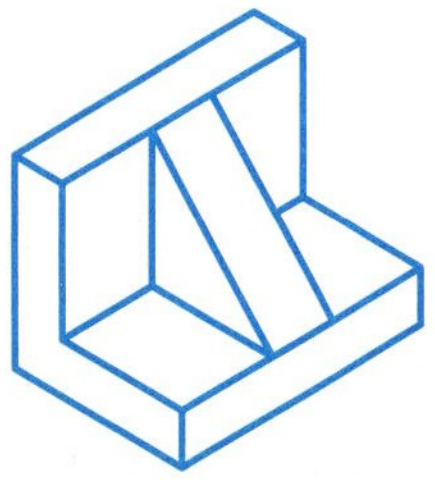　　(3) 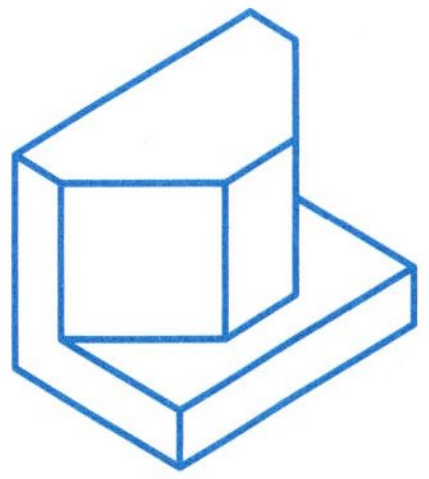　　(4)

2. 在立体图上标出题中所示平面的字母,并补画三视图中所缺图线,完成填空。

(1)

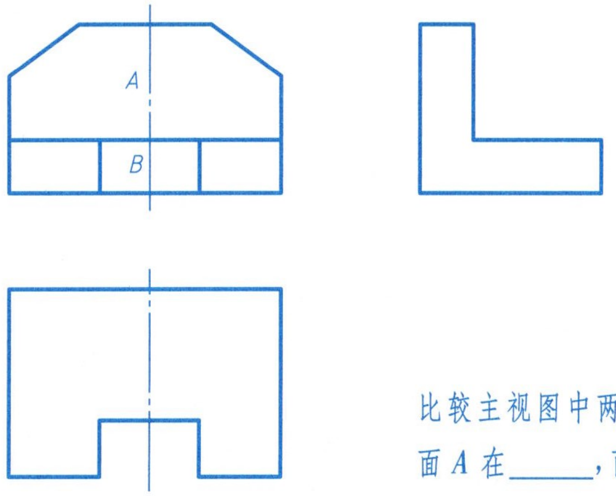

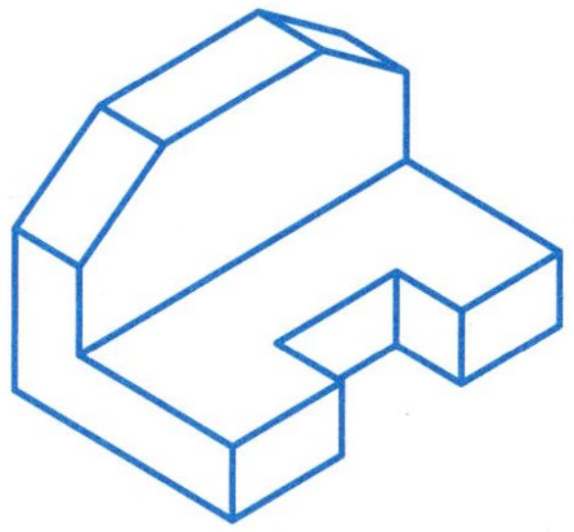

比较主视图中两平面 A、B 的前后位置,
面 A 在＿＿＿,面 B 在＿＿＿。

(2)

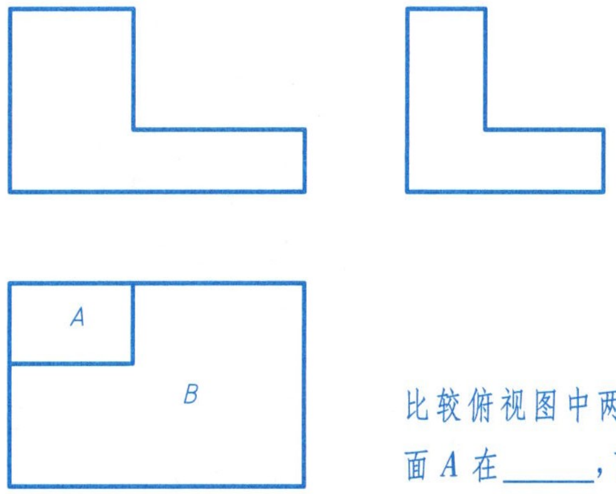

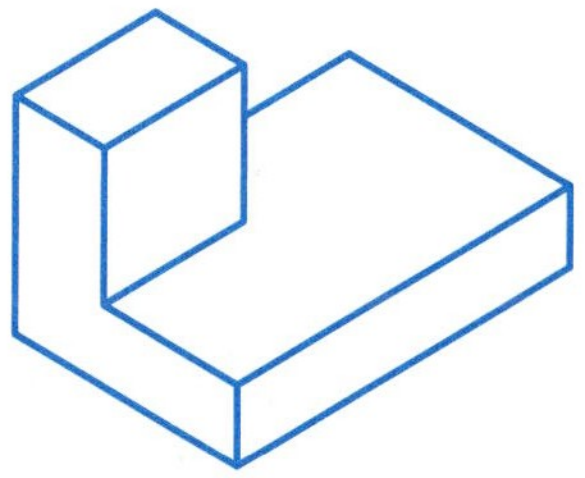

比较俯视图中两平面 A、B 的上下位置,
面 A 在＿＿＿,面 B 在＿＿＿。

3. 参照立体图,补画主视图。

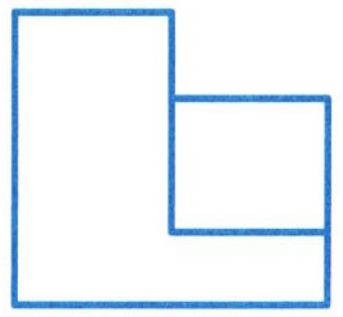

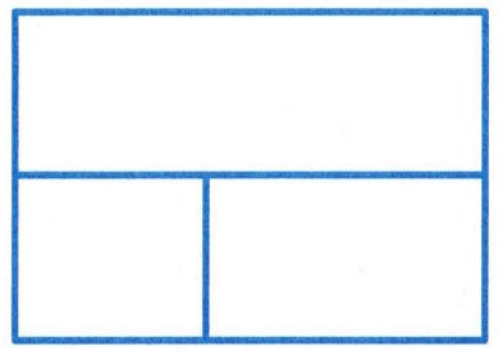

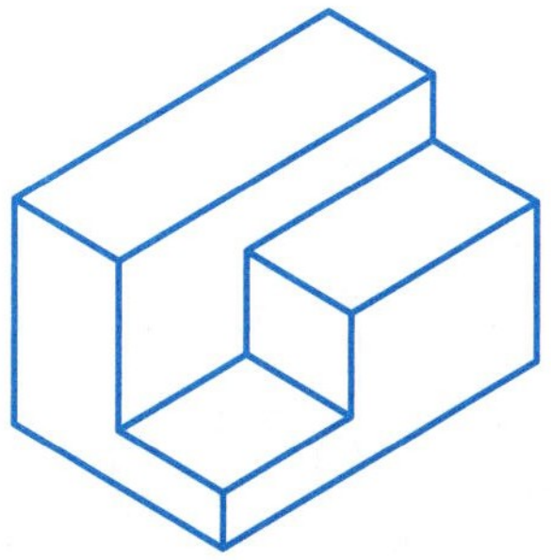

1. 已知三点 A、B、D 的两面投影,求作其第三面投影。

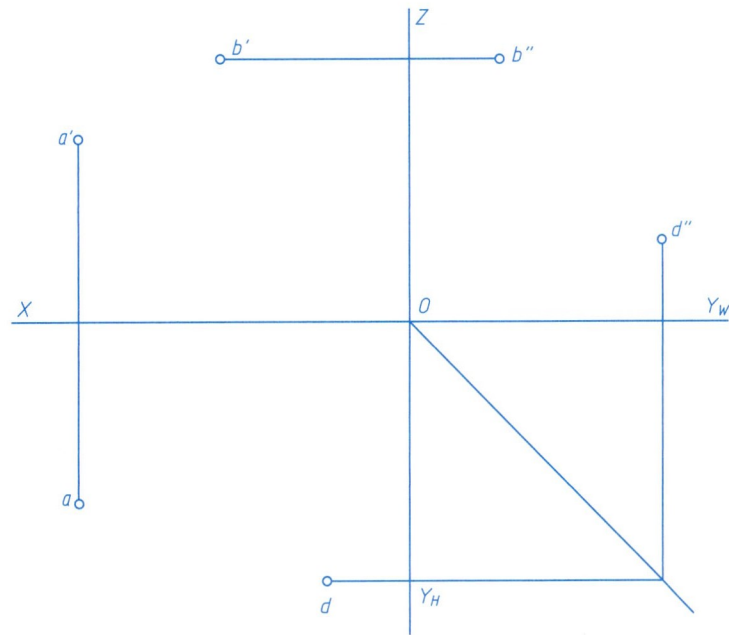

2. 已知三点 A、B、C 到投影面的距离,作其三面投影,并比较它们的空间位置,完成填空。

点	距V面	距H面	距W面
A	10	10	20
B	15	0	25
C	0	12	12

点____最高,点____最低。

点____最前,点____最后。

点____最左,点____最右。

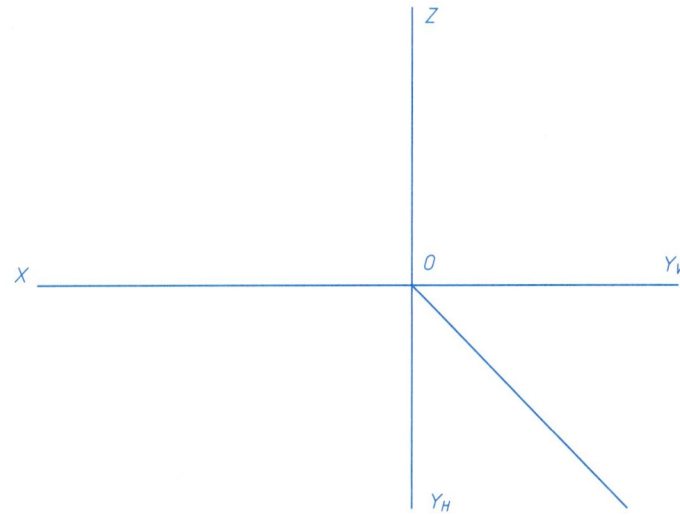

3. 已知点 B 在点 A 的正前方 10 mm 处,点 C 在点 A 正下方的 H 面上,完成点 A、B、C 的三面投影。

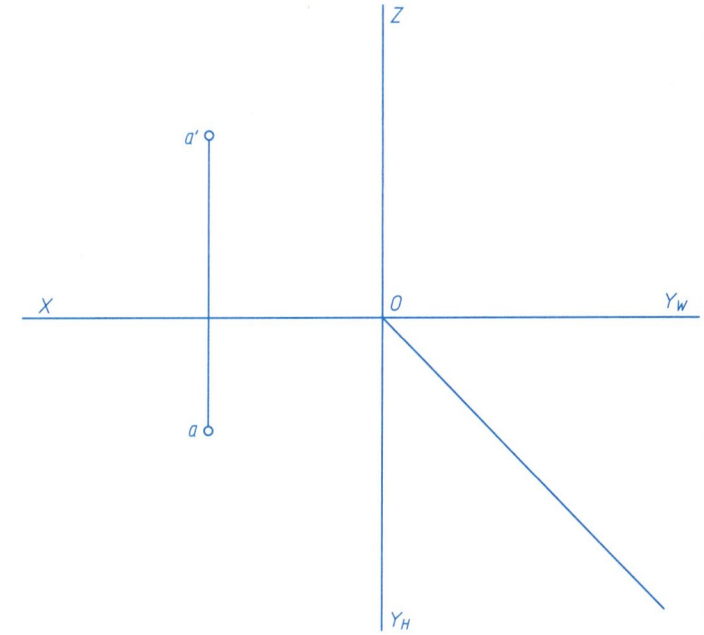

4. 参照立体图,在三视图中作出点 A、B、C 的三面投影,并完成填空。

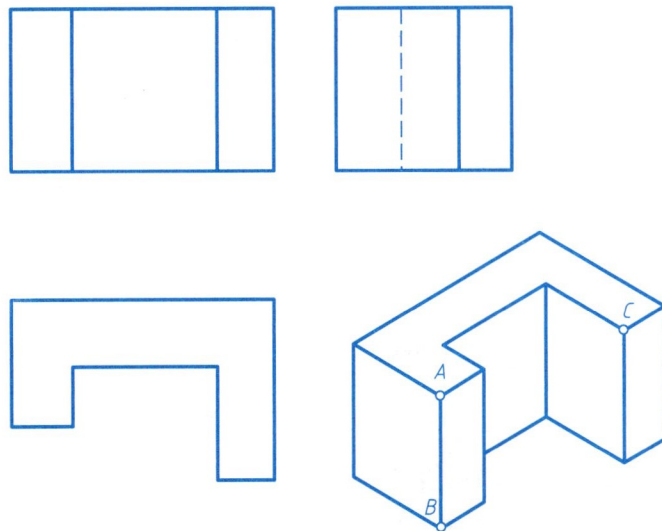

点 A 在点 C 之_____(左、右)。

点 B 在点 C 之_____(前、后)。

5. 根据点 A、B、C、D 的两面投影,作出它们的侧面投影,并在立体图上标出其位置。

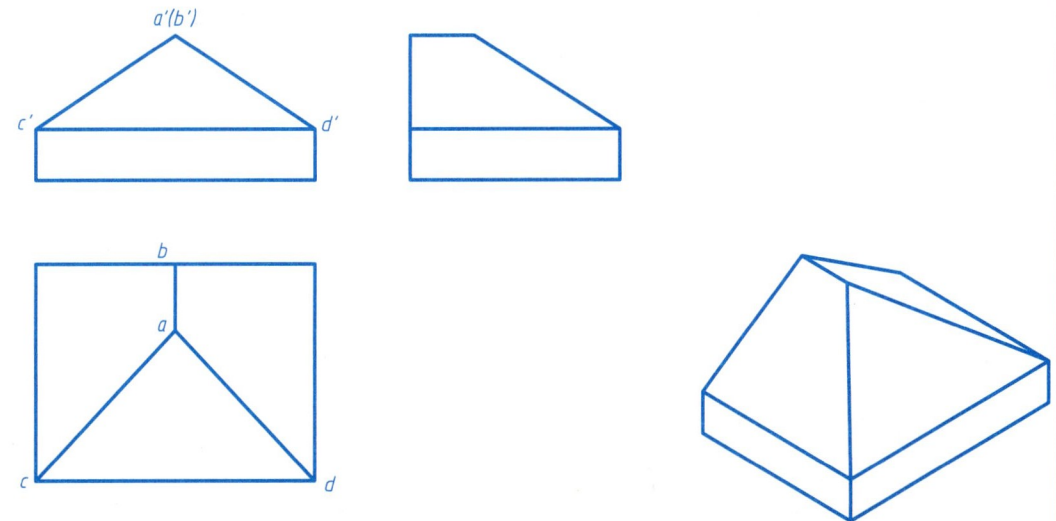

1. 判别下列直线对投影面的相对位置，作出其第三面投影，并完成填空。

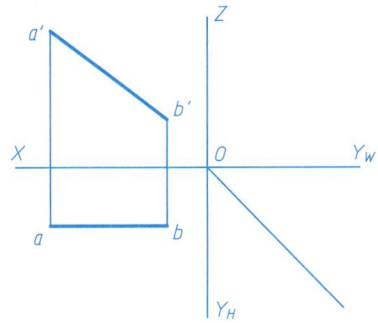 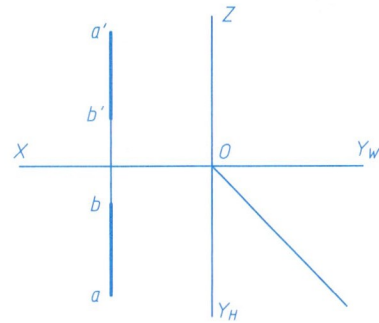 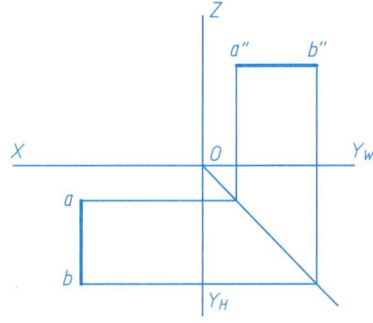

(1) AB 是＿＿＿＿＿线。　　(2) AB 是＿＿＿＿＿线。　　(3) AB 是＿＿＿＿＿线。

2. 判断两直线 AB、CD 的相对位置，完成填空。

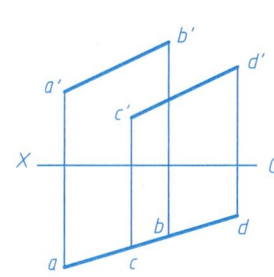 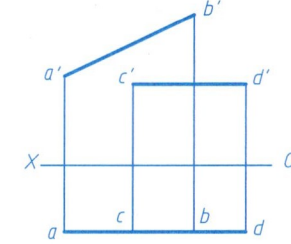 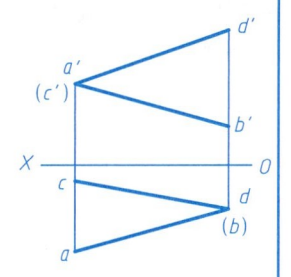

(1) AB、CD ＿＿＿＿＿。　　(2) AB、CD ＿＿＿＿＿。　　(3) AB、CD ＿＿＿＿＿。

3. 在直线 AB 上取一点 K，使 AK：KB＝2：1，完成点 K 的三面投影。

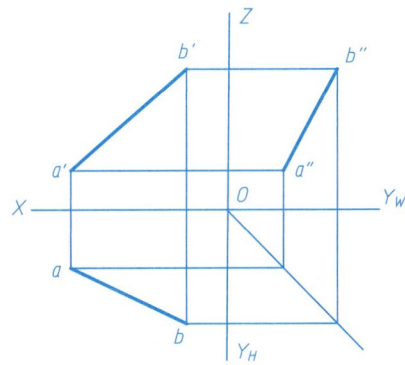

4. 过点 K(k′已知)作直线 KE，使 KE 平行于 CD，并与 AB 相交于点 E，试完成 KE 的两面投影。

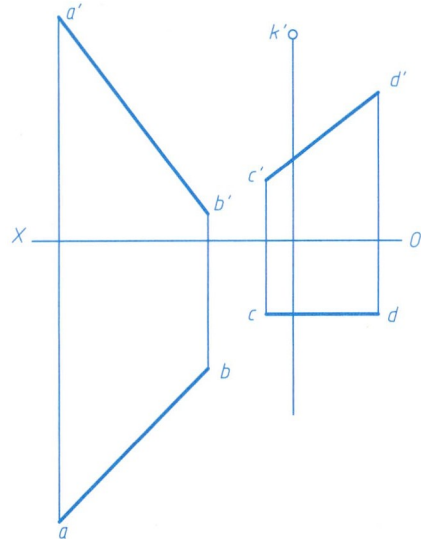

5. 补画俯视图中的漏线，作出直线 AC、BC、CD 的三面投影，并判断其相对于投影面的位置，完成填空。

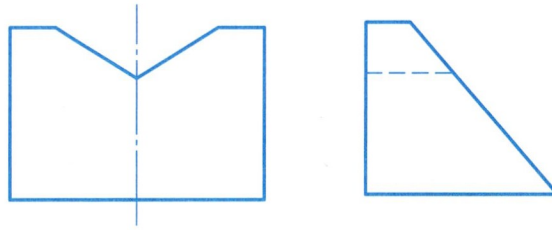

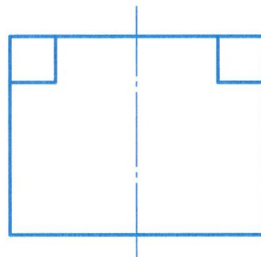

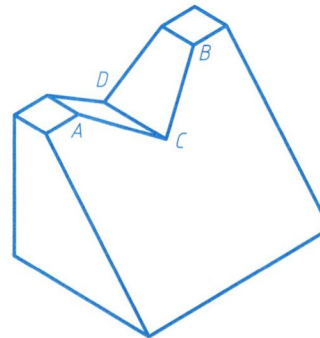

AC 是＿＿＿＿＿线。

CD 是＿＿＿＿＿线。

6. 补画俯、左视图中的漏线，作出直线 AB、CD、BD、BE、EF 的三面投影，并判断其与投影面的相对位置，完成填空。

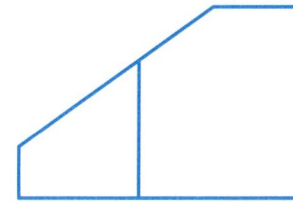 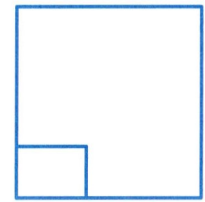

AB 是＿＿＿＿＿。

CD 是＿＿＿＿＿。

BD 是＿＿＿＿＿。

BE 是＿＿＿＿＿。

EF 是＿＿＿＿＿。

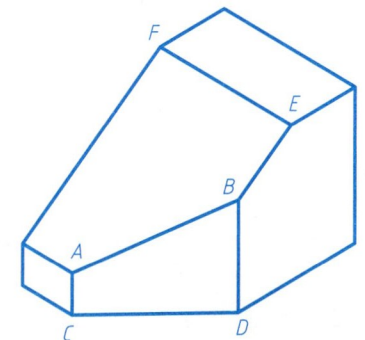

1. 完成下列平面的三面投影,并判断各平面与投影面的相对位置,完成填空。

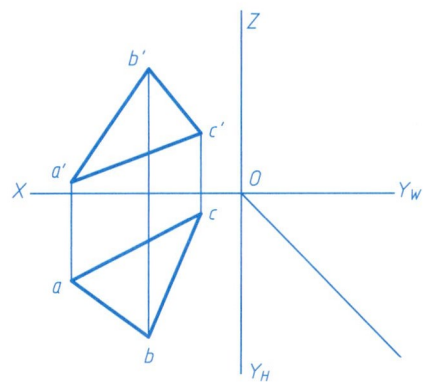 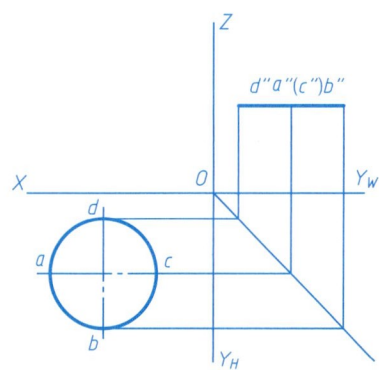 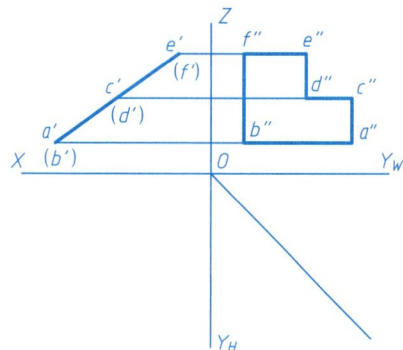

(1) ABC 是_____面。　　　(2) ABCD 是_____面。　　　(3) BACDEF 是_____面。

2. 包含已知直线作平面(用迹线表示法)。

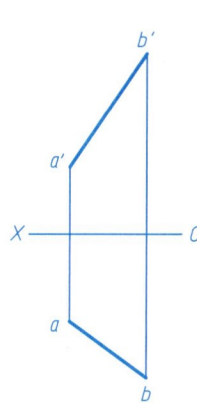 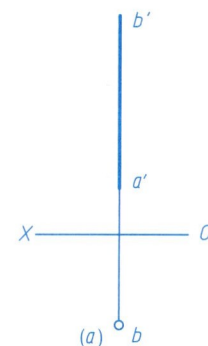

(1) 包含直线 AB 作正垂面 P。　　　(2) 包含直线 AB 作正平面 Q。

3. 在平面 ABC 上作距 V 面 20 的正平线 MN 的两面投影。

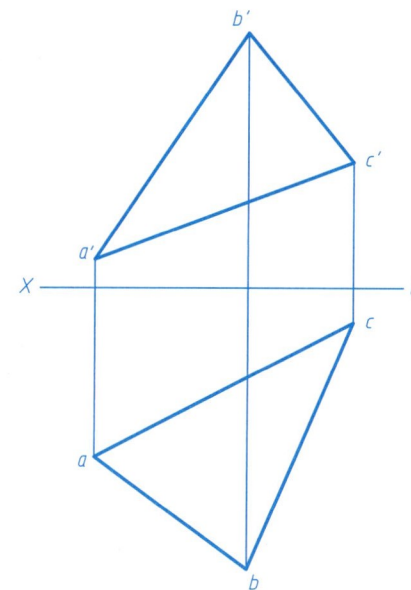

4. 已知直线 BC 是正平线,完成平面四边形 ABCD 的水平投影。

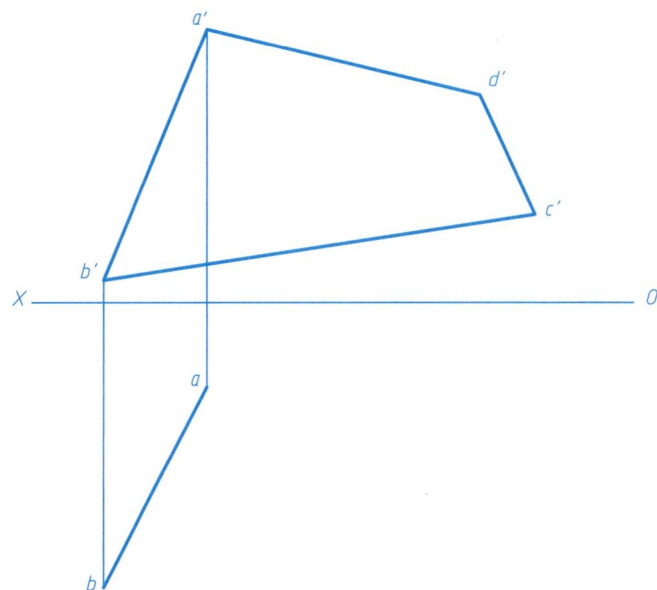

5. 在三视图中,用字母标出指定立体表面的三面投影,并判断其与投影面的相对位置,完成填空。

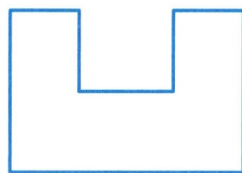 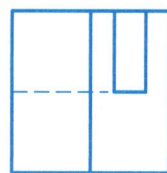

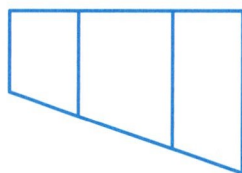 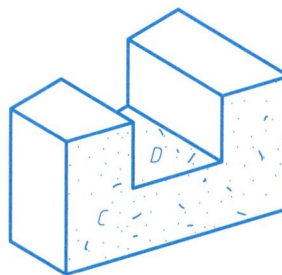

平面 C 是_____面,平面 D 是_____面。

6. 用字母标出平面 M、N 的正面投影和水平投影,并补画平面 M、N 在左视图中的投影。

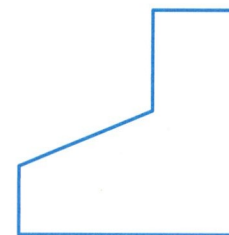 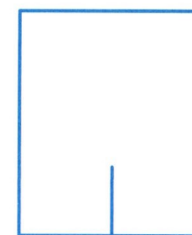

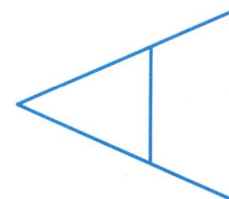 

1. 填空。(55分)

(1) 正投影的特点是：投射线_____，而且_____投影面。

(2) 正面投影是由____向____投射所得的图形，又称为____视图；水平投影是由____向____投射所得的图形，又称为____视图；侧面投影是由____向____投射所得的图形，又称为____视图。

(3) 三视图之间的关系是：主、俯视图_____，主、左视图_____，俯、左视图_____。

(4) 点的三面投影规律是：点的正面投影与点的水平投影连线垂直于___轴，点的正面投影与点的侧面投影连线垂直于___轴，点的水平投影到 X 轴的距离等于点的___投影到 Z 轴的距离。

(5) 与一个投影面垂直的直线，一定与另两个投影面_____，这样的直线称为_____。

(6) 投影面垂直线的投影特征是：一面投影积聚为点，另两面投影不但反映线段_____，而且还_____于投影轴。

(7) 正平线的特点是：线上所有点的___坐标相同，因此正平线的_____投影和_____投影都垂直于对应的___轴，_____投影反映该线段实长。

(8) 水平线的特点是：线上所有点的___坐标相同，因此水平线的_____投影和_____投影都垂直于对应的___轴，_____投影反映该线段实长。

(9) 侧平线的特点是：线上所有点的___坐标相同，因此侧平线的_____投影和_____投影都垂直于对应的___轴，_____投影反映该线段实长。

(10) 与一个投影面平行的平面，一定与另两个投影面_____，这样的平面称为_____。

(11) 水平面的特点是：面上所有点的___坐标相同，因此水平面的_____投影、_____投影都垂直于____轴，水平面的_____投影反映该平面的实形。

(12) 正平面的特点是：面上所有点的___坐标相同，因此水平面的_____投影、_____投影都垂直于____轴，正平面的_____投影反映该平面的实形。

(13) 侧平面的特点是：面上所有点的___坐标相同，因此水平面的_____投影、_____投影都垂直于____轴，侧平面的_____投影反映该平面的实形。

(14) 投影面垂直面的投影特征是：一面投影积聚为与投影轴_____的直线，另两面投影为平面_____的类似形。

---

2. 已知点 D 在点 C 之左 10 mm、前 5 mm、下 15 mm 处，求作点 D 的三面投影。(6分)

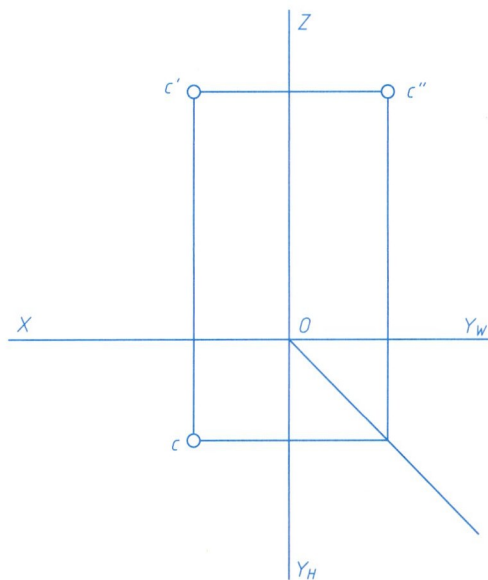

3. 由点 A 作水平线 AB，从点 A 向右向前，$AB=30$ mm，$\beta=30°$。完成该水平线的两面投影。(15分)

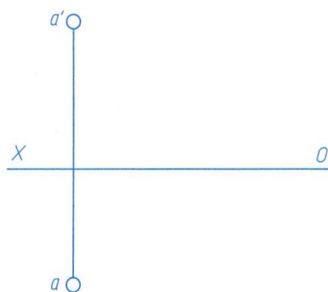

4. 补画下列平面的侧面投影。(10分)

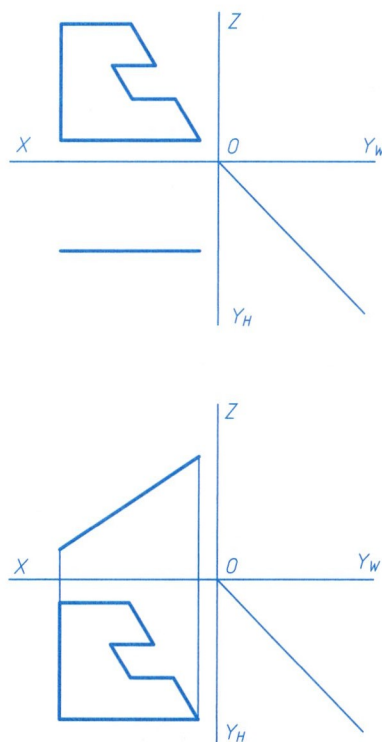

5. 在三视图中标出立体上给定点的三面投影，并判断指定线、面相对于投影面的位置，完成填空。(14分)

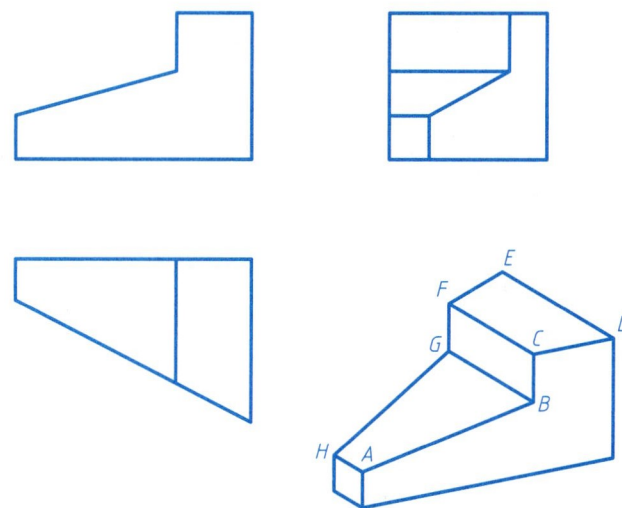

AB 是____线，CD 是____线，$ABGH$ 是____面，
BC 是____线，DE 是____线，$BCFG$ 是____面。

| 3-1　平面体、回转体的投影 | 专业班级 | 学号 | 姓名 | 11 |

1. 已知立体的两视图及其表面上点、线的一面投影,求作立体的第三视图,并完成立体表面上点、线的另两面投影。

(1)

(2)

(3)

(4)

2. 完成组合线段 $ABCDEFG$ 绕轴线 $O—O$ 旋转一周所形成回转面的两面投影。

3. 补画回转体的俯视图。

画出回转体的第三视图,并完成立体表面上点或线的其余投影。

(1)

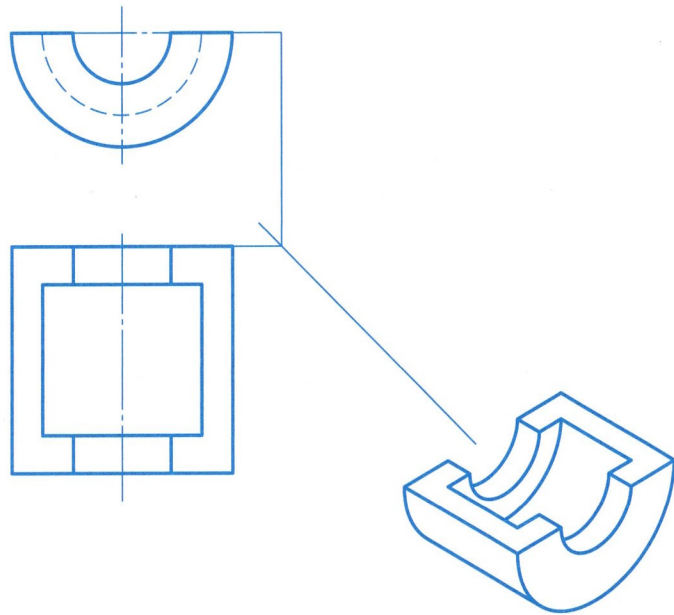

(2)

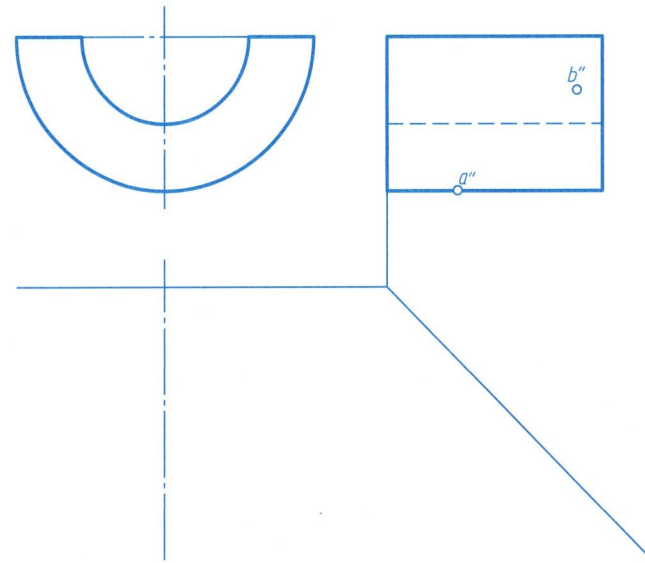

(3)

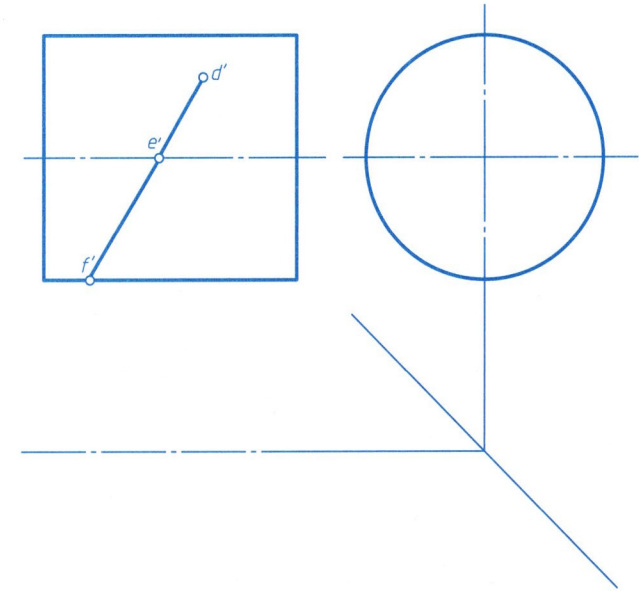

(4)

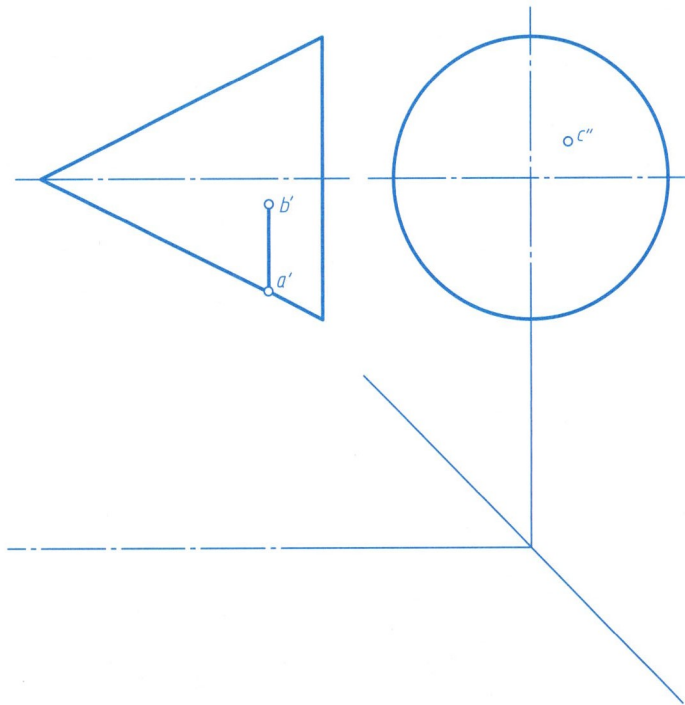

(5)

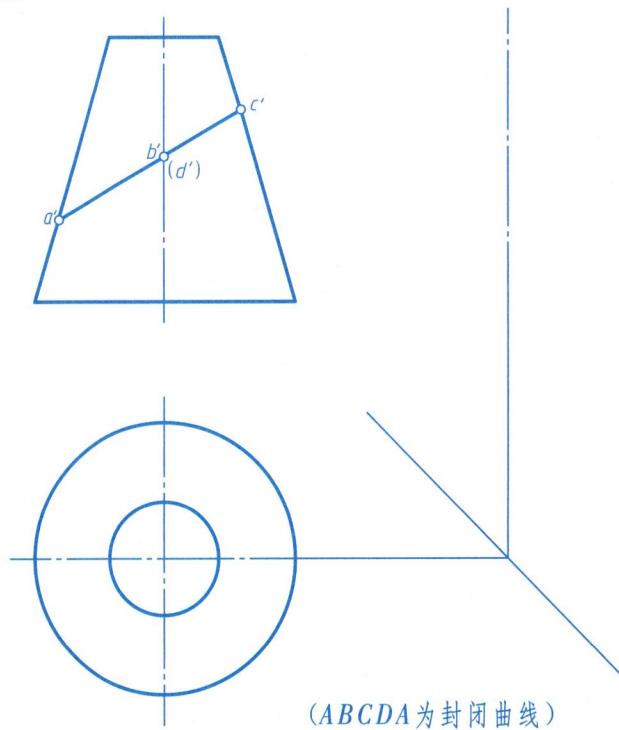

(ABCDA 为封闭曲线)

(6)

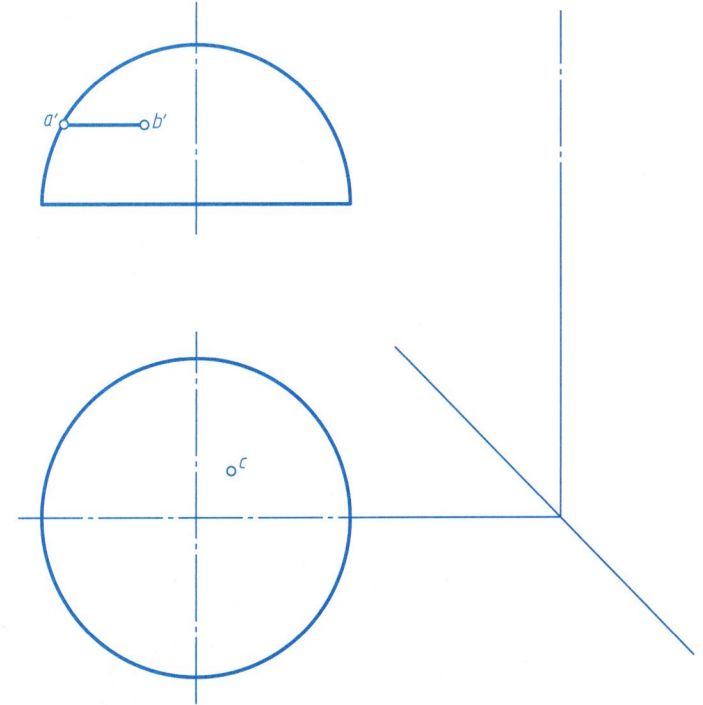

1.

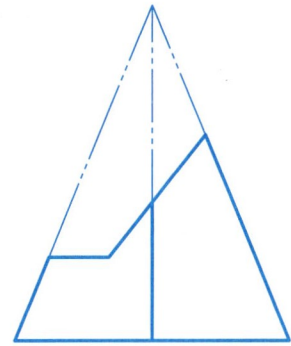

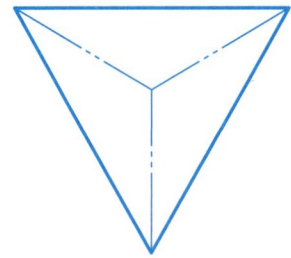
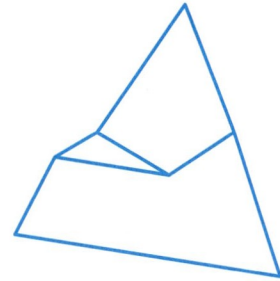

三维模型

2.

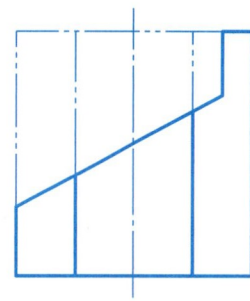

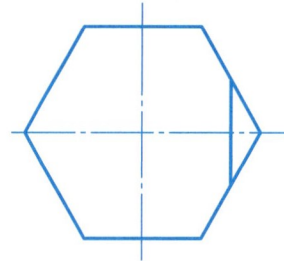
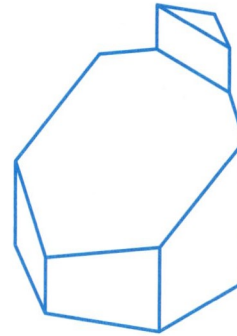

3.

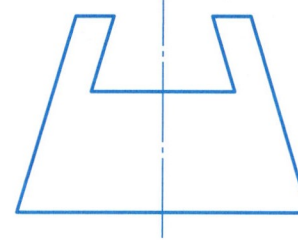
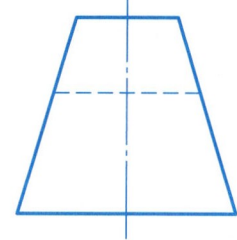

典型题解

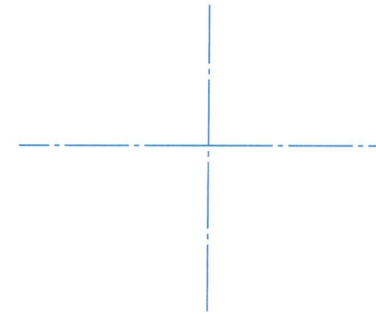
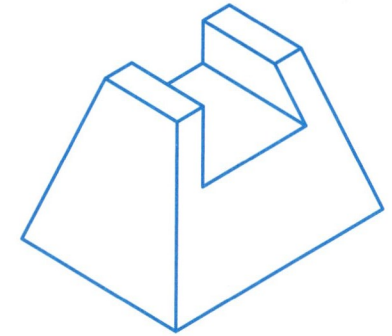

4.

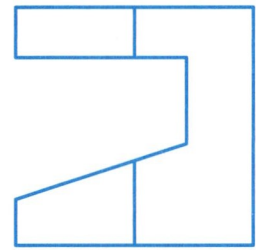

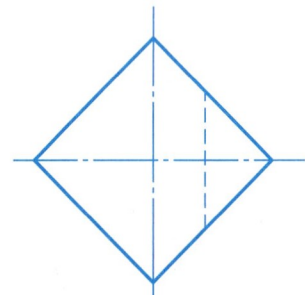

三维模型

5.

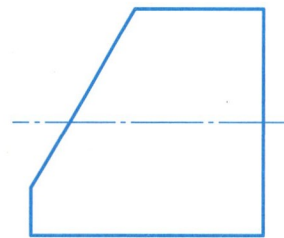
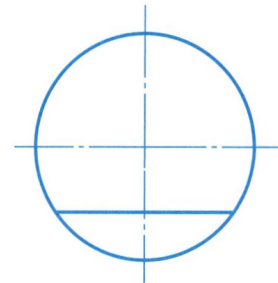

6.

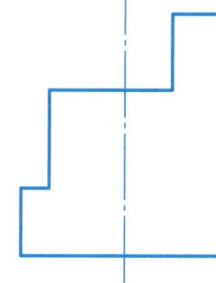

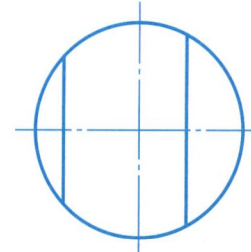
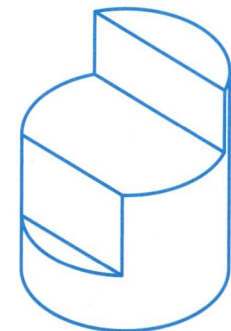

7.

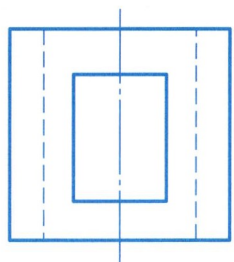 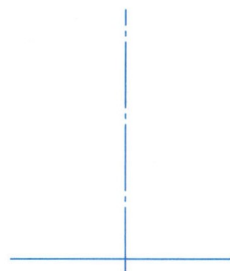

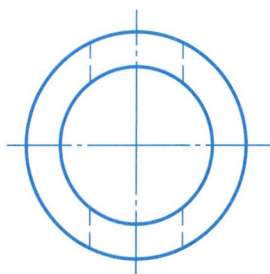 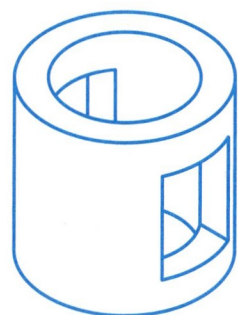

8.

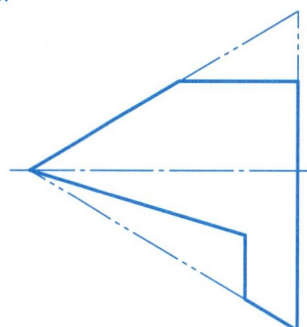 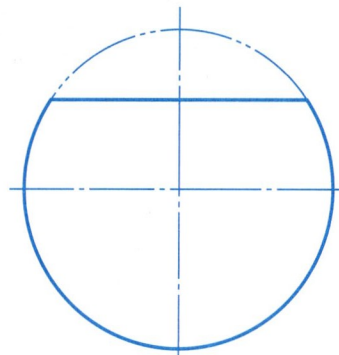

9.

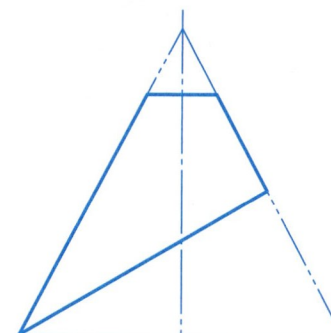 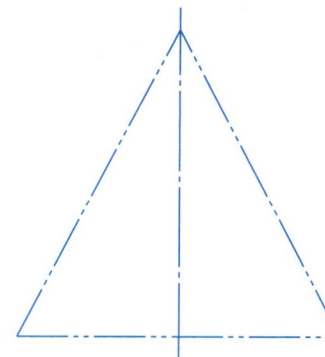

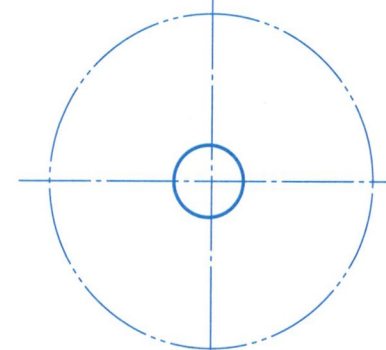

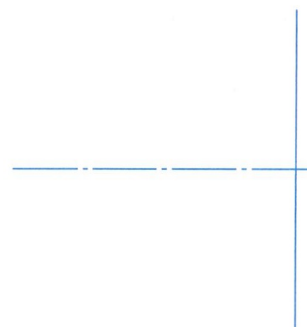

10.

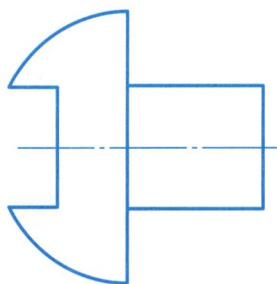 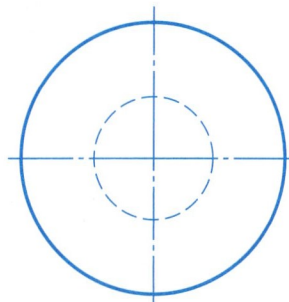

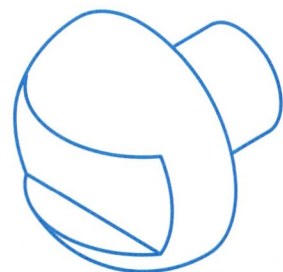

11.

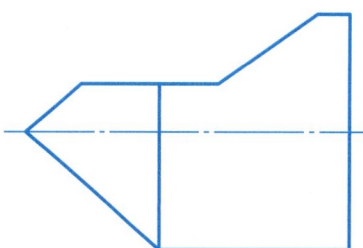 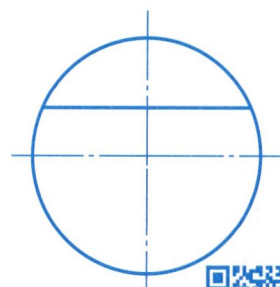

典型题解

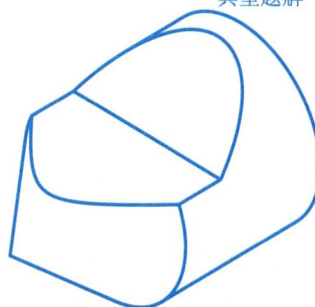

12.

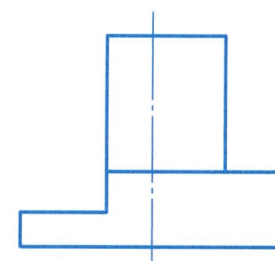

典型题解

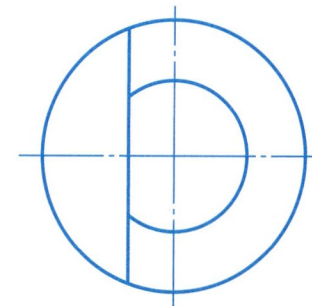 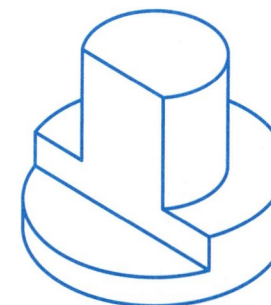

1.

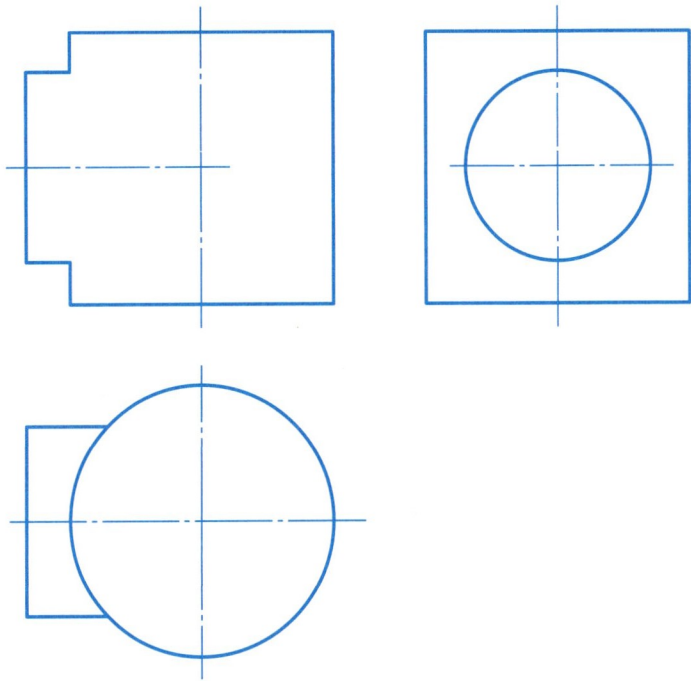

2.

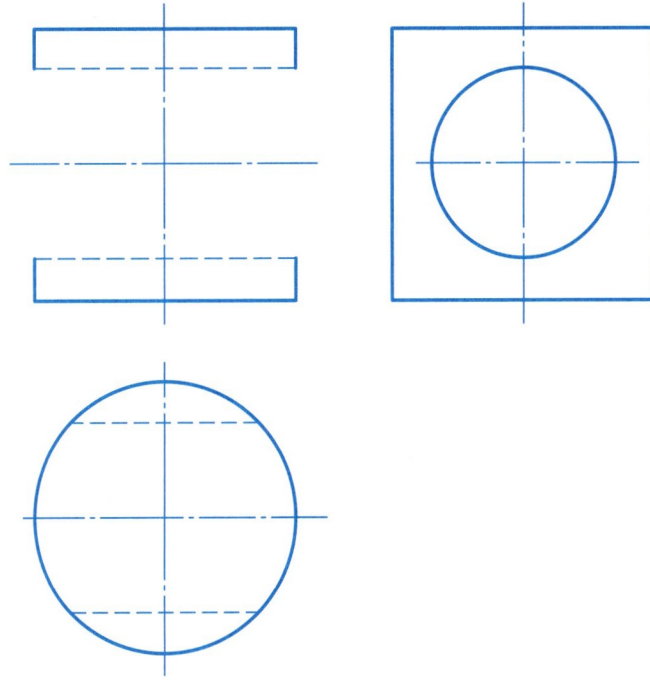

3.

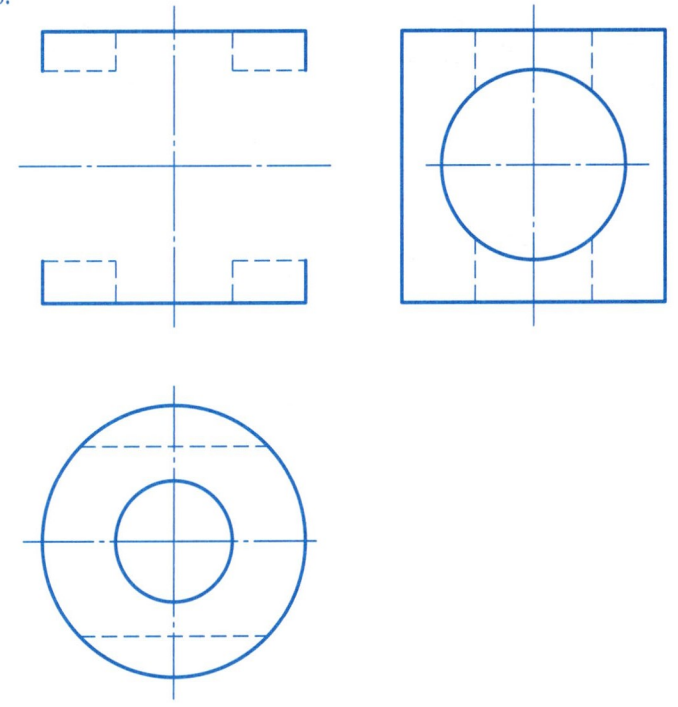

4.

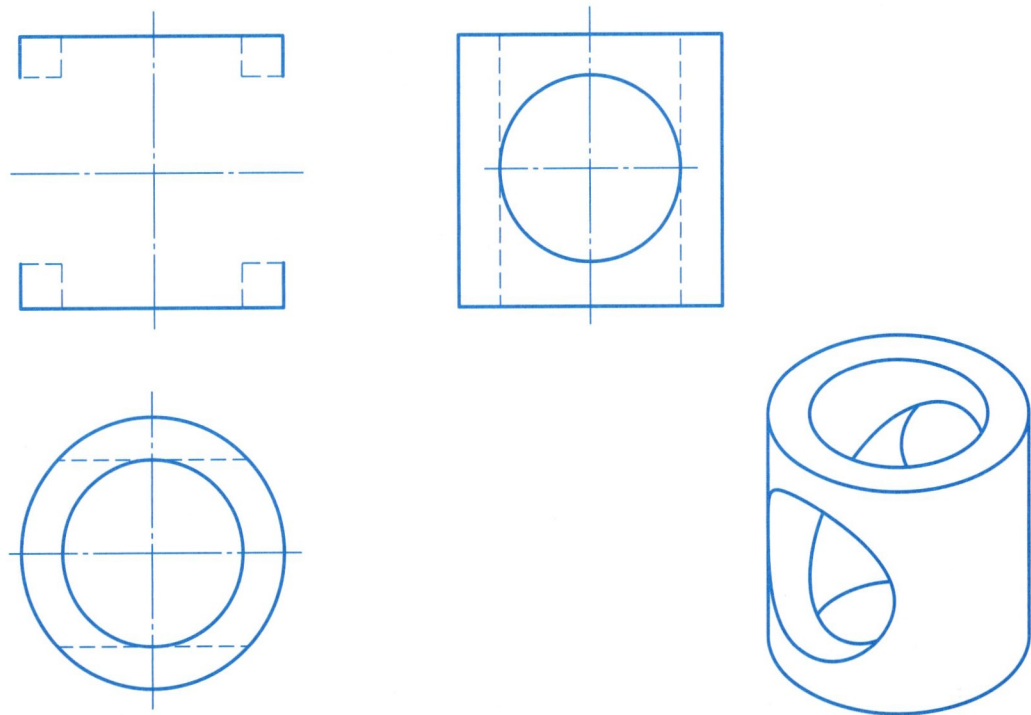

5.

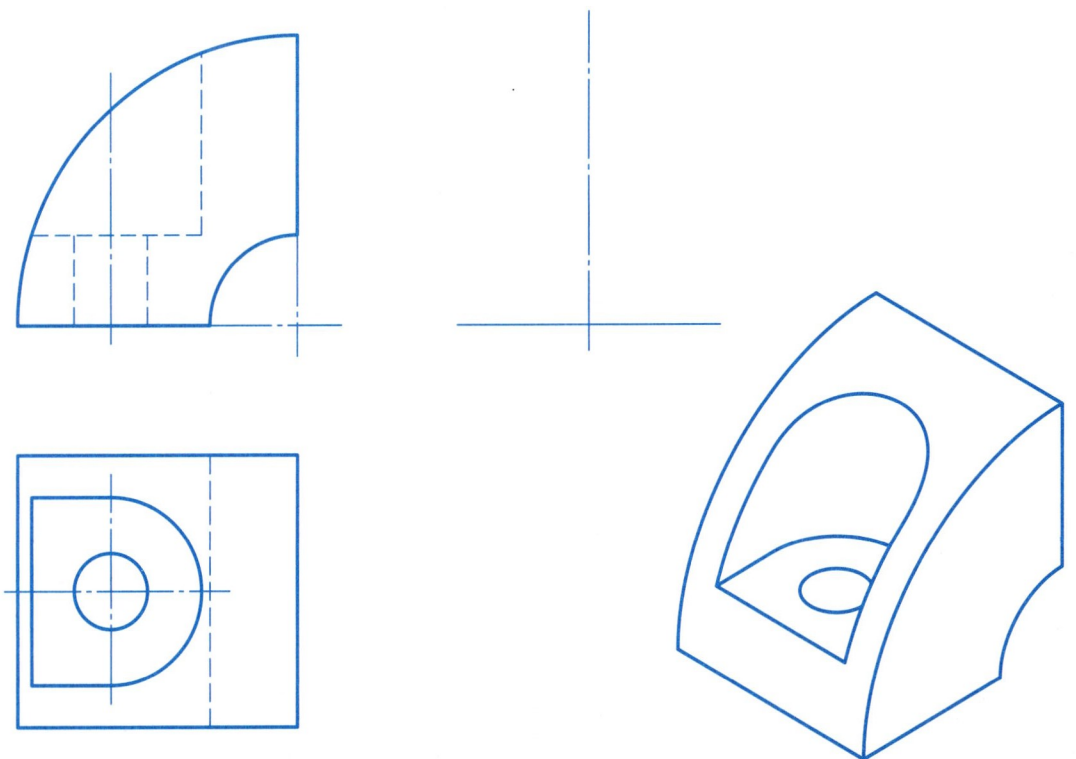

6.

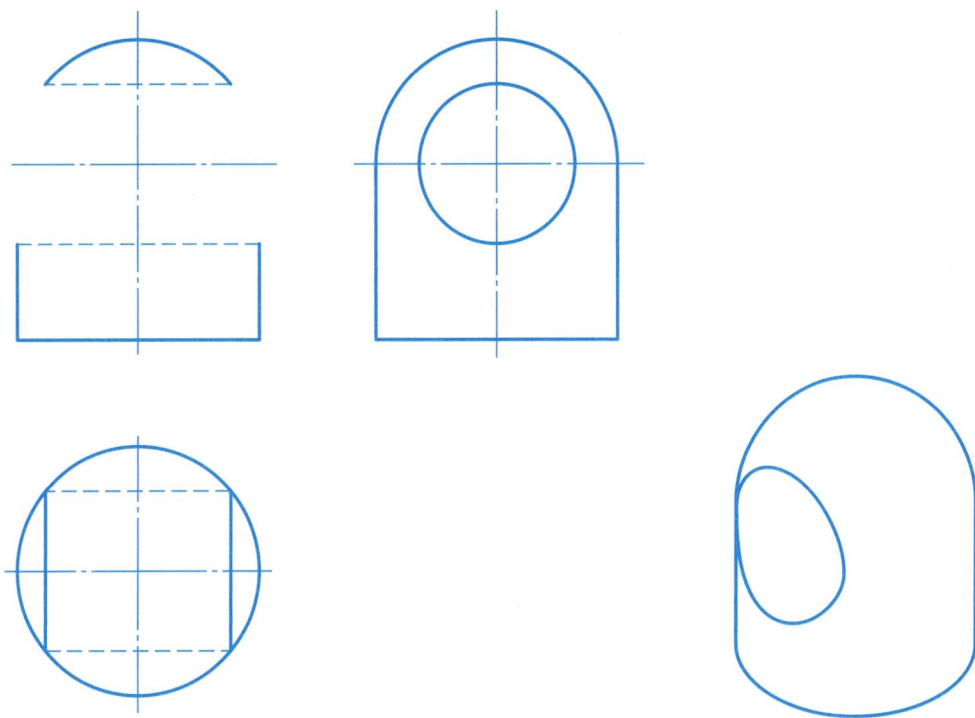

8.

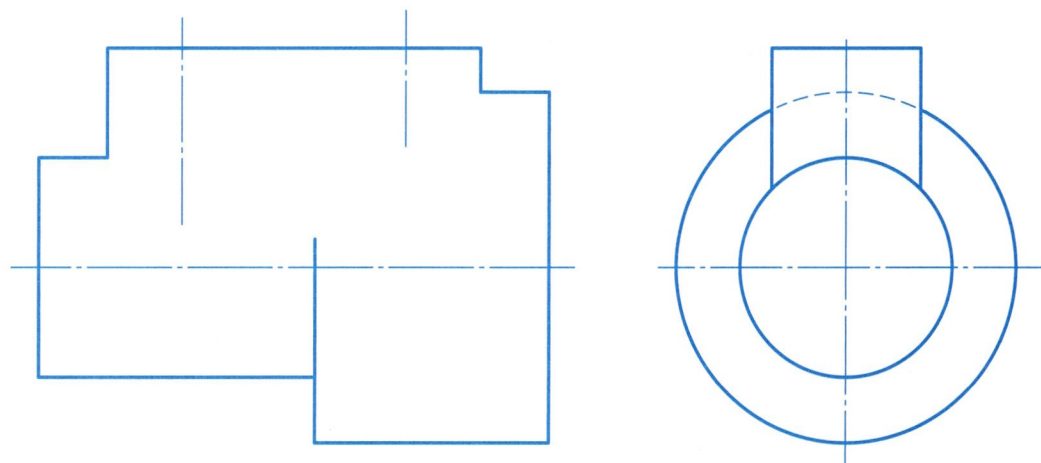

7.

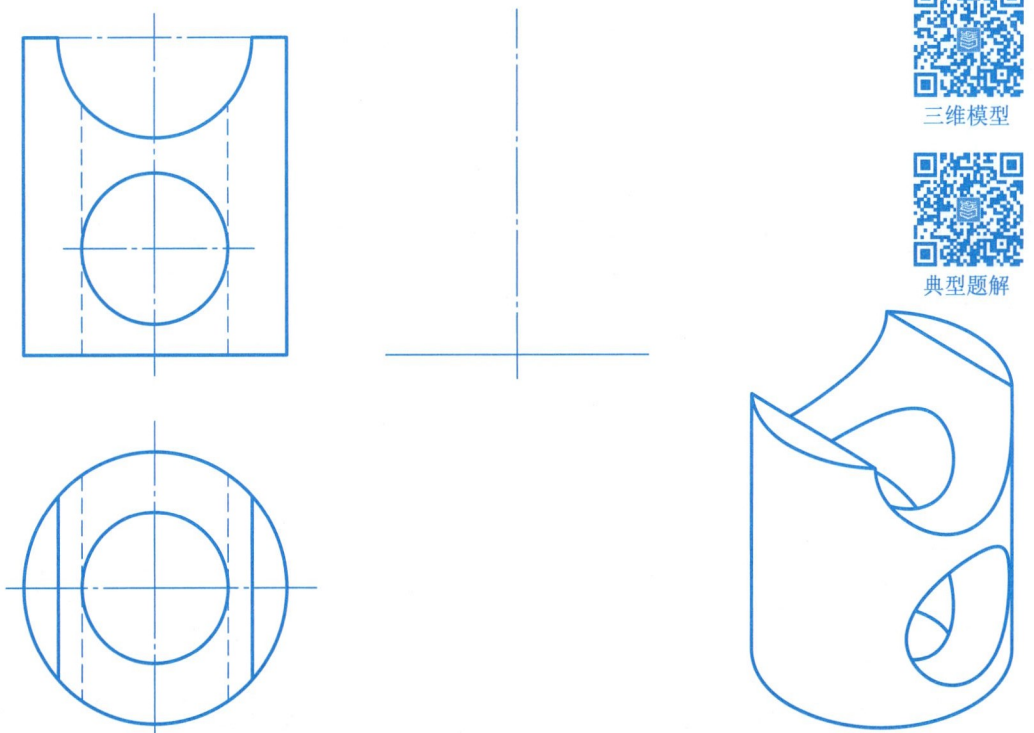

三维模型

典型题解

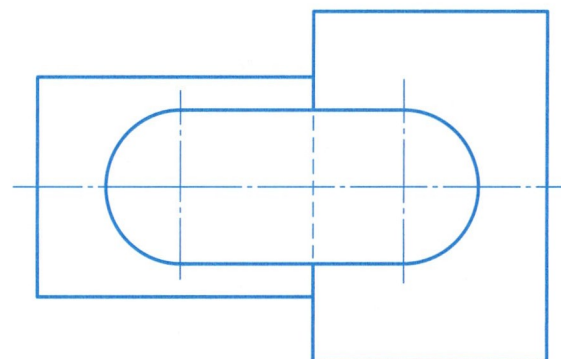

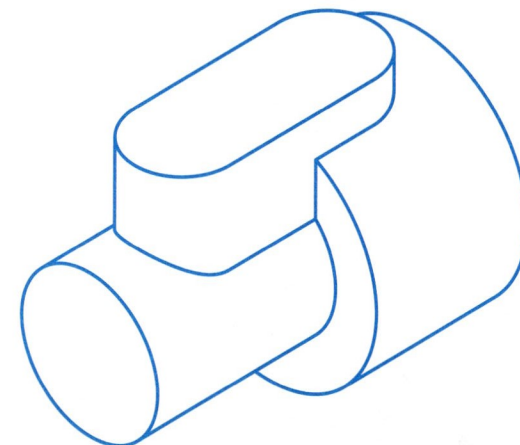

1. 选择正确的左视图。(18分)

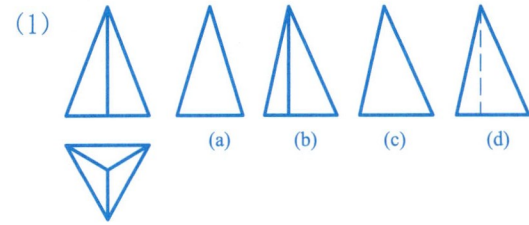

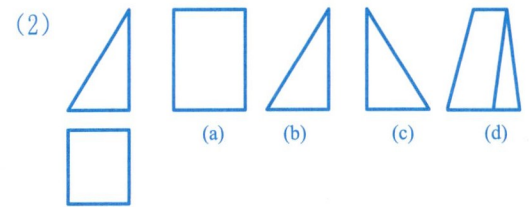

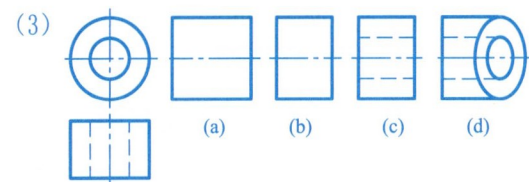

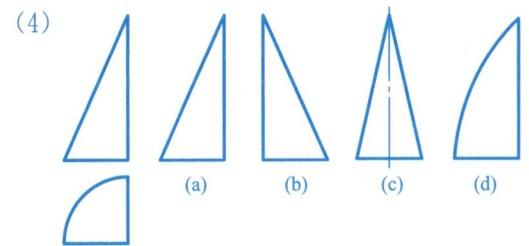

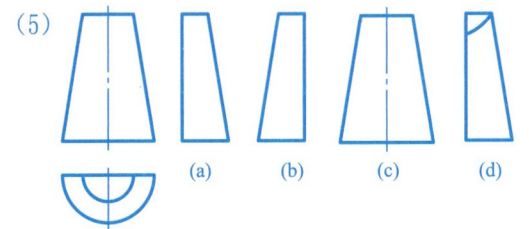

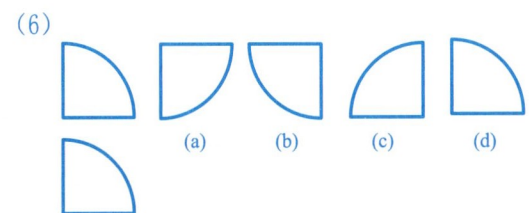

(1)

(a)　(b)　(c)　(d)

(2)

(a)　(b)　(c)　(d)

(3)

(a)　(b)　(c)　(d)

(4)

(a)　(b)　(c)　(d)

(5)

(a)　(b)　(c)　(d)

(6)

(a)　(b)　(c)　(d)

2. 求立体表面上点的三面投影。(16分)

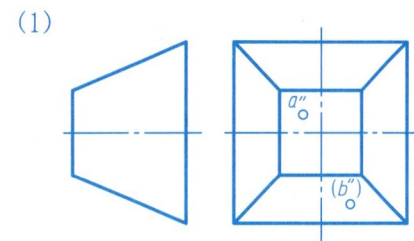

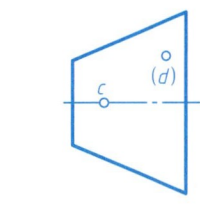

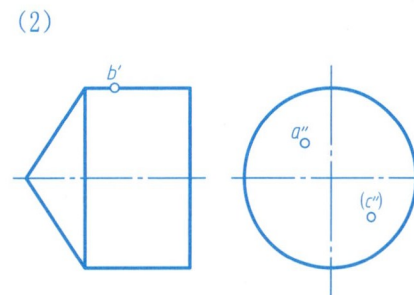

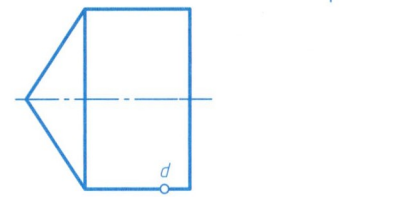

(1)

(2)

3. 选择正确的左视图。(30分)

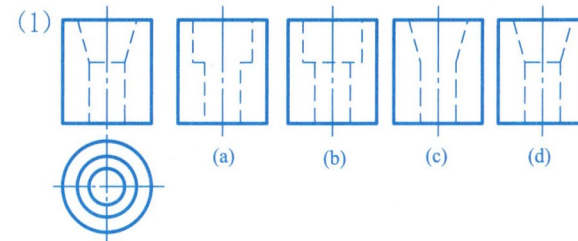

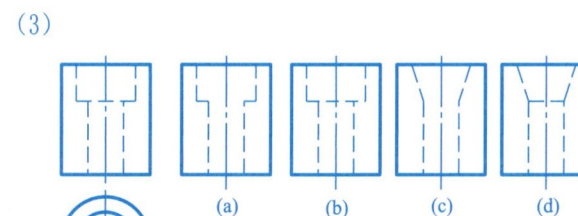

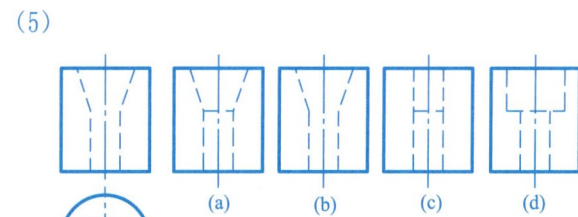

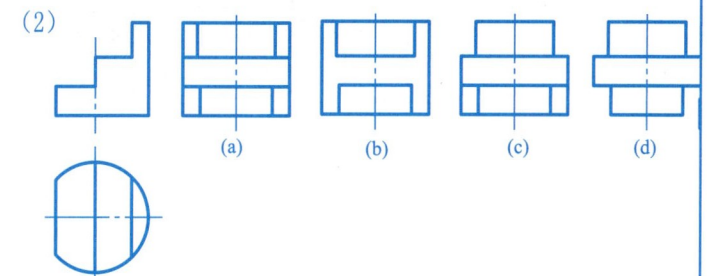

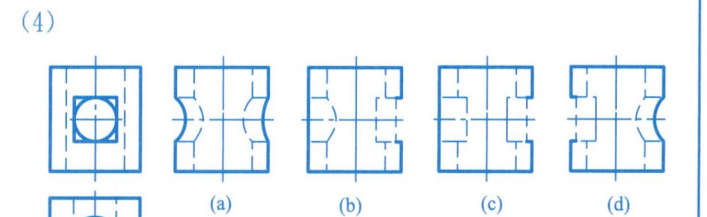

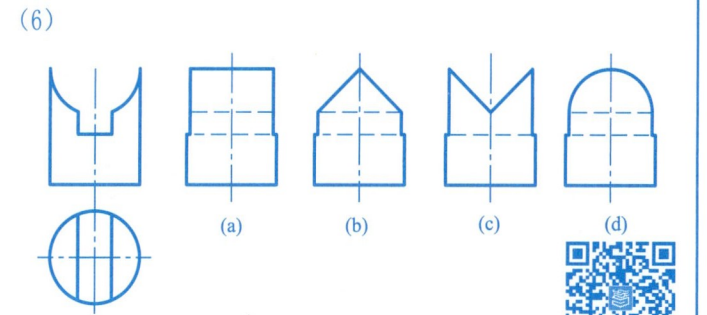

(1)

(a)　(b)　(c)　(d)

(2)

(a)　(b)　(c)　(d)

(3)

(a)　(b)　(c)　(d)

(4)

(a)　(b)　(c)　(d)

(5)

(a)　(b)　(c)　(d)

(6)

(a)　(b)　(c)　(d)

三维模型

4. 补画立体主视图。(16分)

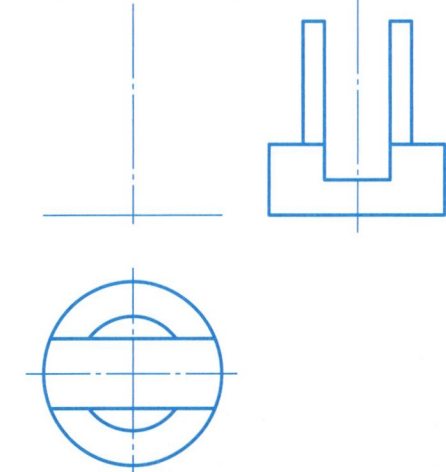

5. 补画立体主视图。(20分)

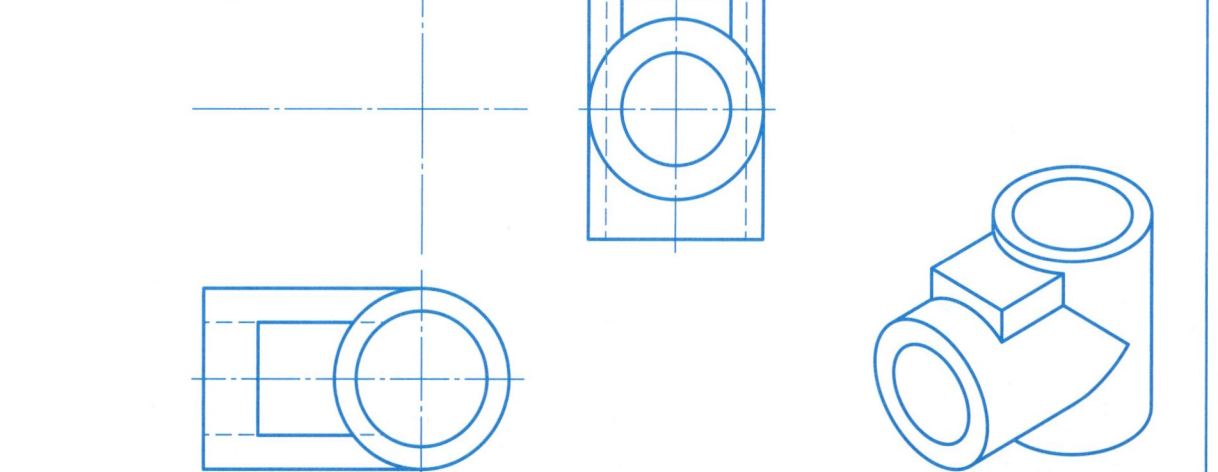

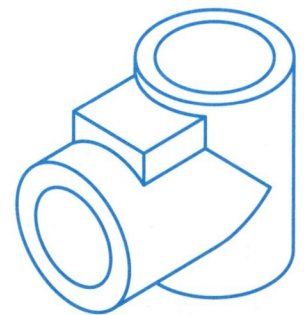

| 4-1 | 专业班级 | 学号 | 姓名 | 18 |

1. 按 1:1 的比例绘草图。

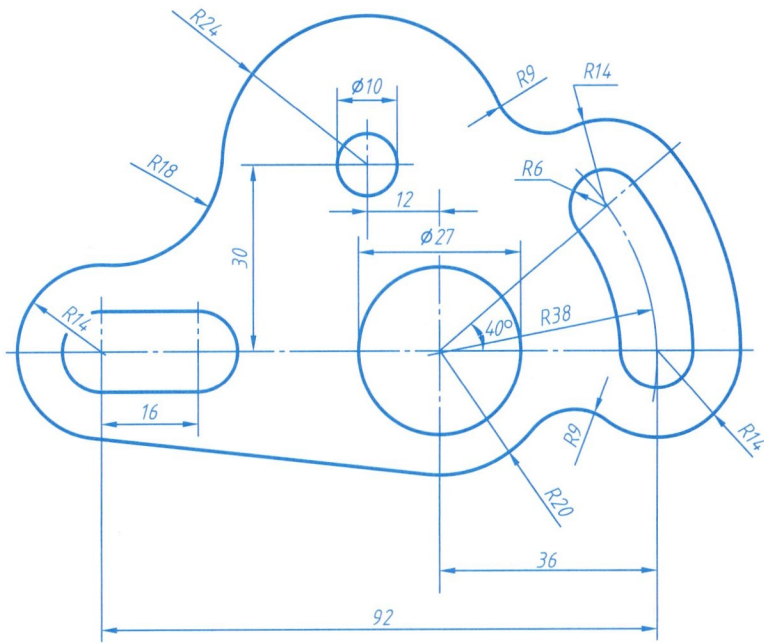

2. 完成立体建模。

(1)

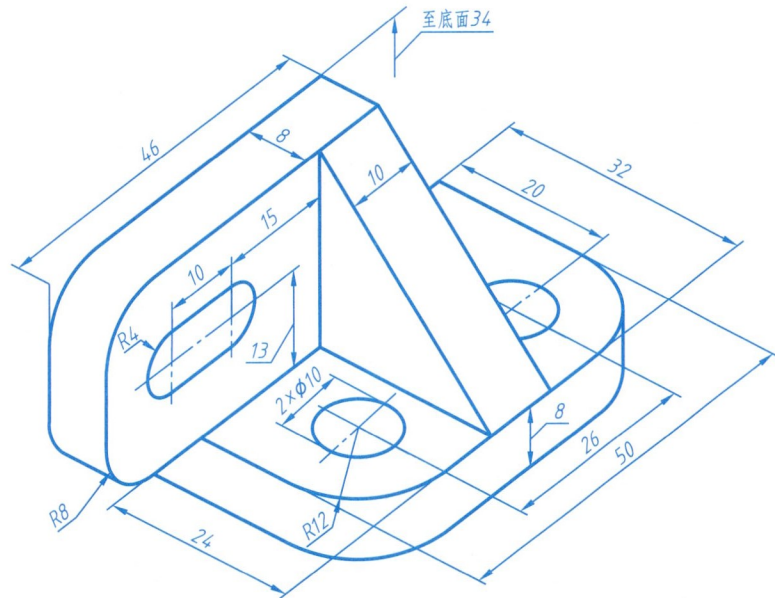

(2)

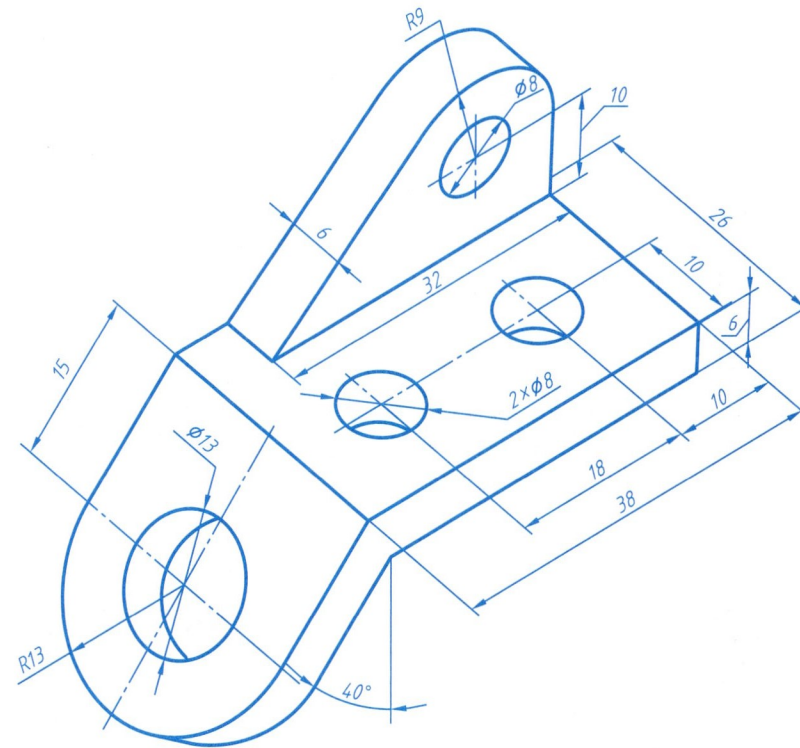

5-1　认真分析相邻形体间的表面过渡关系，补画下列视图中所缺的图线	专业班级　　　　学号　　　　姓名	19

1.

平面与柱面相交

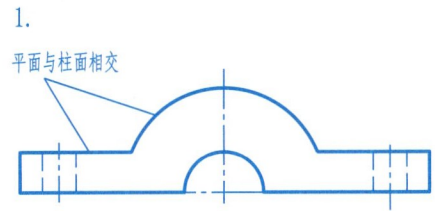

二者不共面

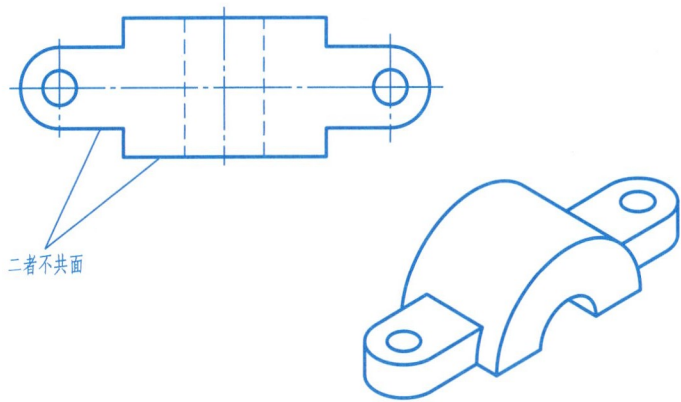

2.

平面与球面相交

三维模型

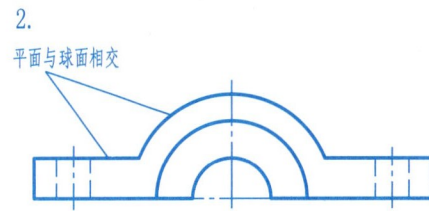

二者不共面

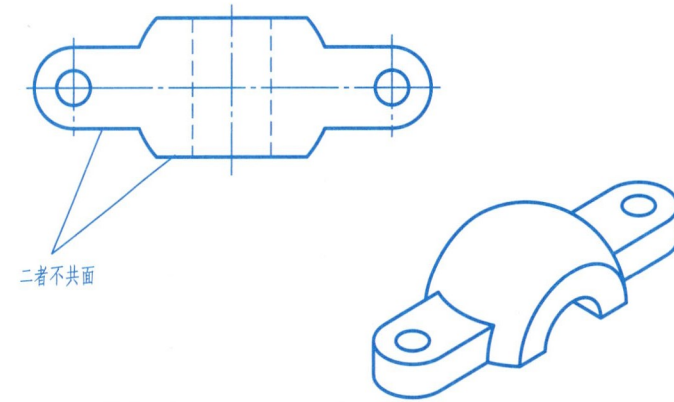

3.

平面与柱面相交

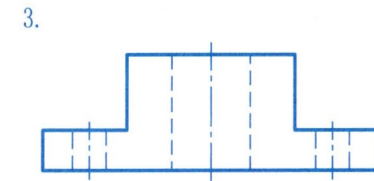

二者共面

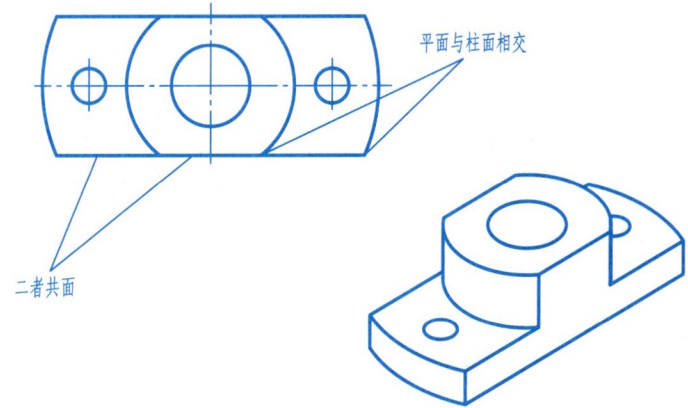

4.

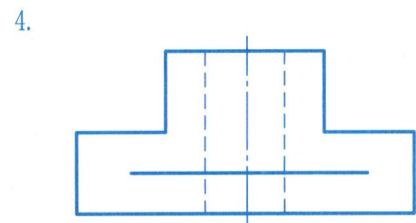

平面与柱面相切

平面与柱面相交

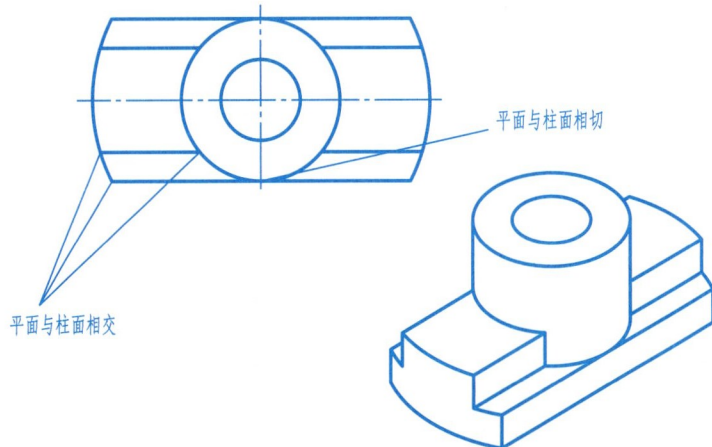

5.

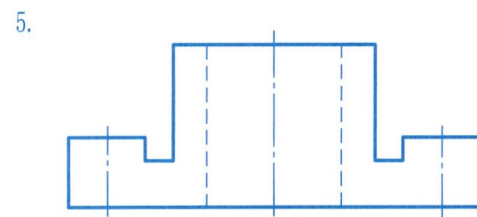

平面与柱面相切

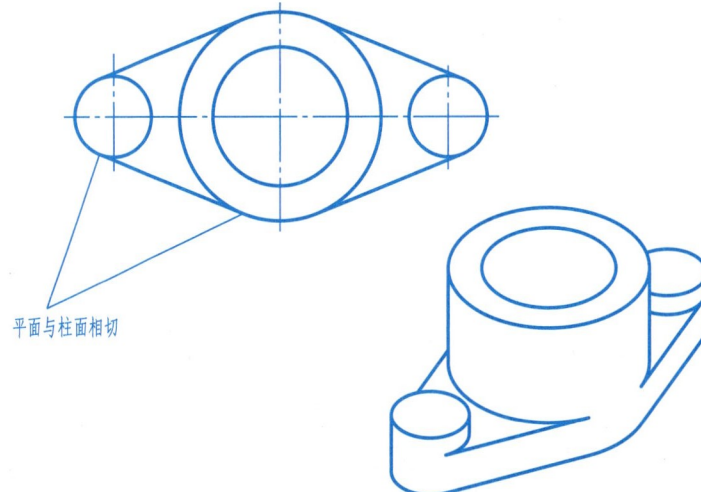

6.

平面与柱面相切

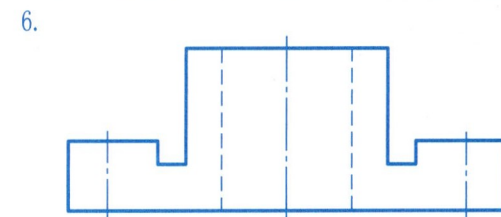

平面与柱面相交

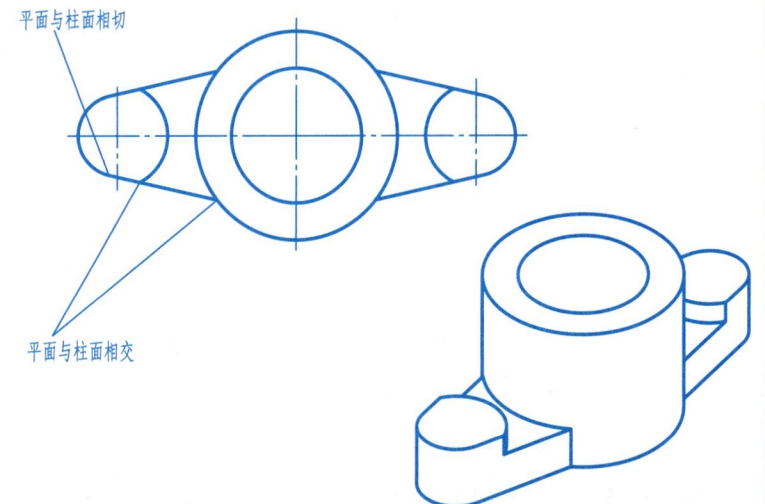

1.

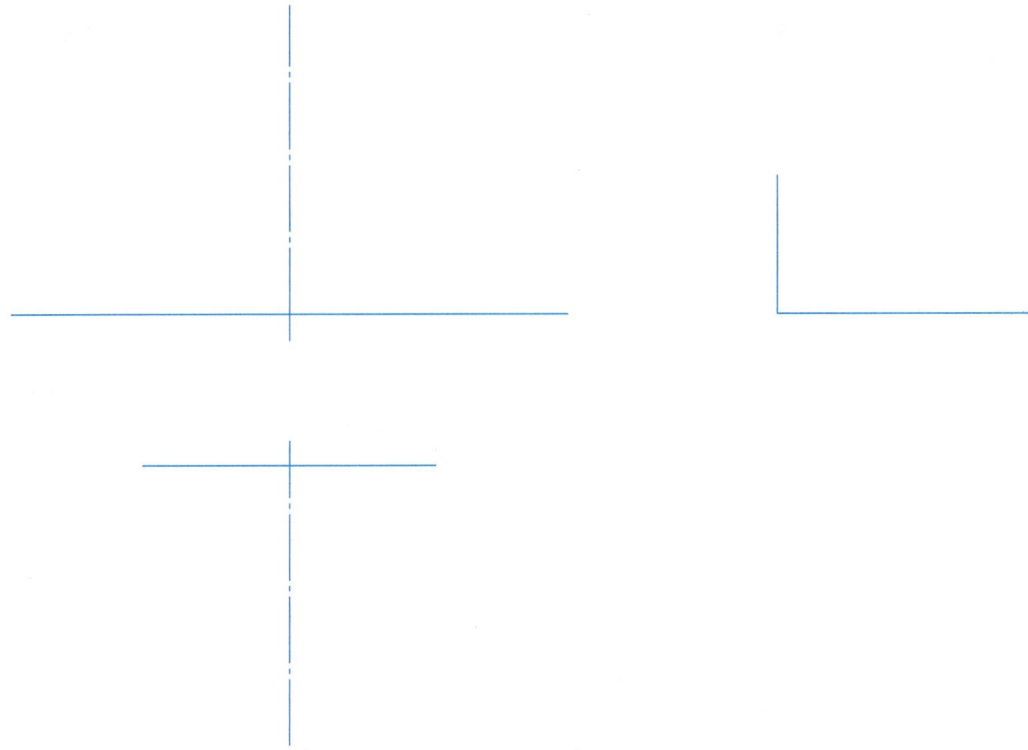

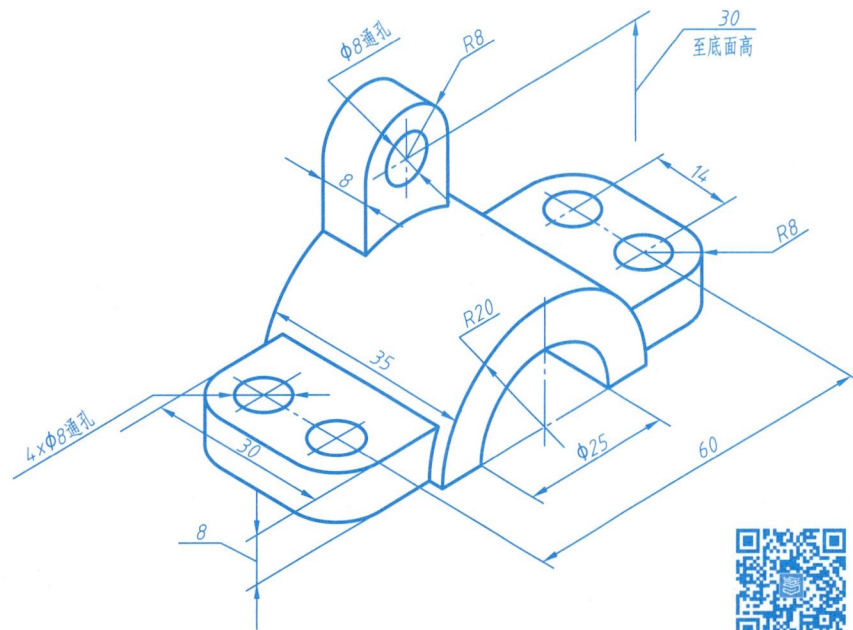

φ8通孔　R8　30 至底面高

8　14

R8

35　R20

4×φ8通孔　30　φ25　60

8

典型题解

2.

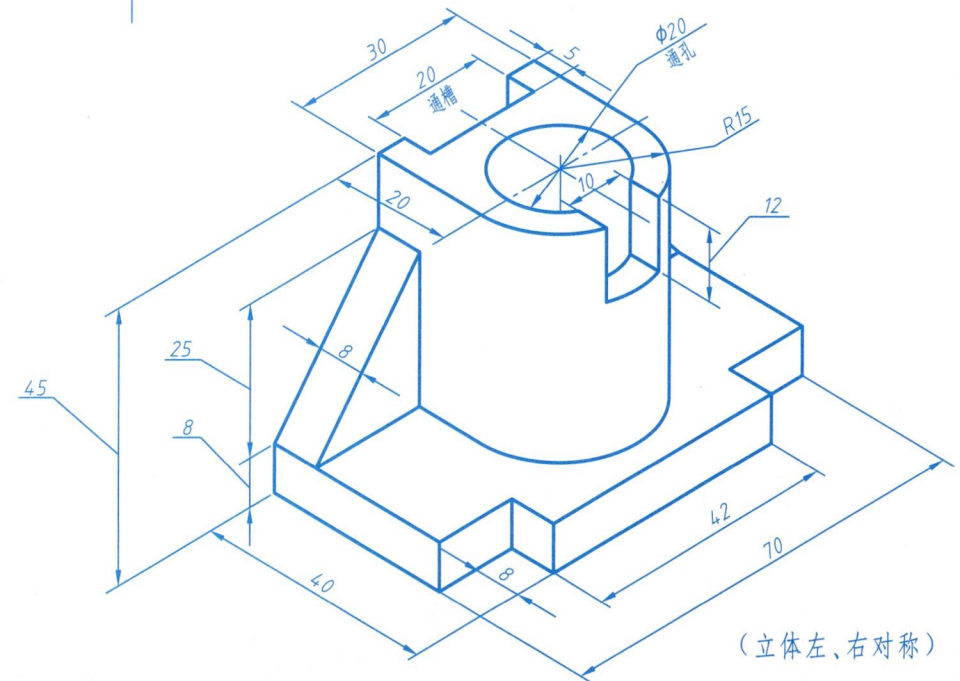

30　20　5　φ20 通孔

通槽　10　R15

20　12

45　25　8

8　40　8　42　70

（立体左、右对称）

1. 看懂视图,分析尺寸,在图中注明立体长、宽、高三个方向的尺寸基准并完成填空。

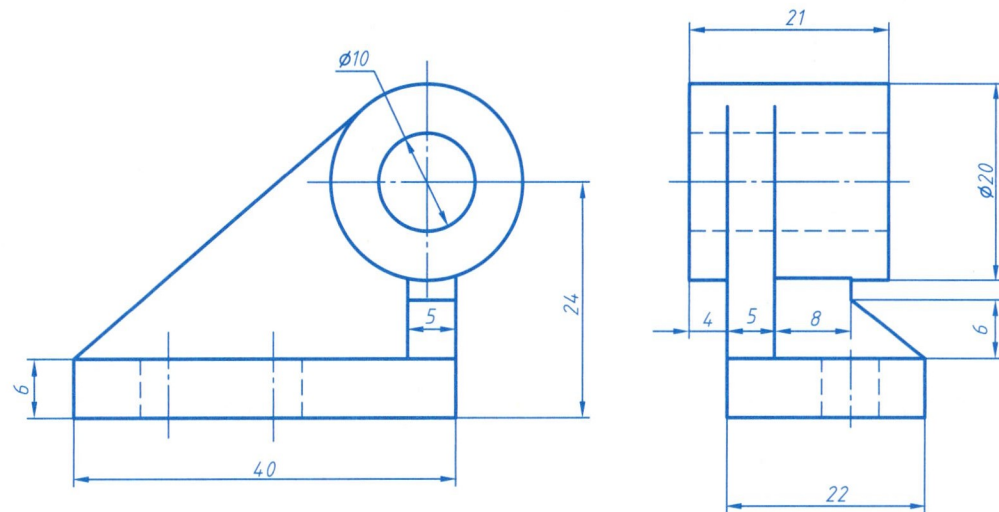

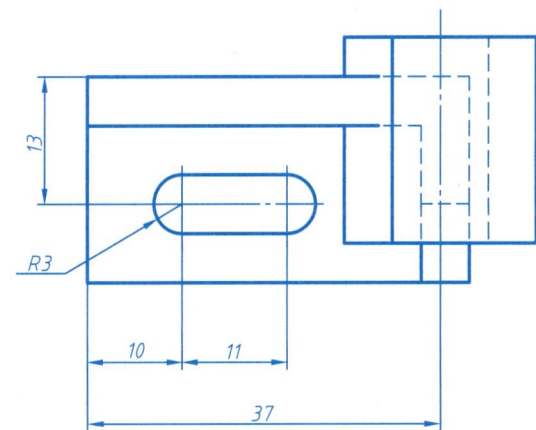

(1) 圆筒的定形尺寸为_____、_____和_____。

(2) 底板的定形尺寸为_____、_____和_____。

(3) 圆筒高度方向的定位尺寸为_____,宽度方向的定位尺寸为_____,长度方向的
　　定位尺寸为_____。

(4) 底板上长圆孔的定形尺寸为_____和_____,定位尺寸为_____和_____。

2. 分析视图,确定立体长、宽、高三个方向的尺寸基准,并标注立体的尺寸,尺寸数字从图中量取(取整)。

(1)

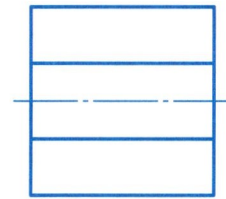 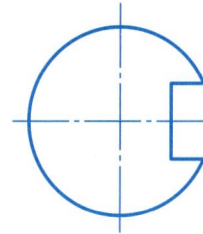

(2)

 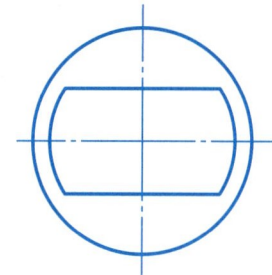

3. 分析视图及标注的尺寸,确定立体的尺寸基准,并补全视图中所缺尺寸,尺寸数字从图量取(取整)。(漏 4 个尺寸)

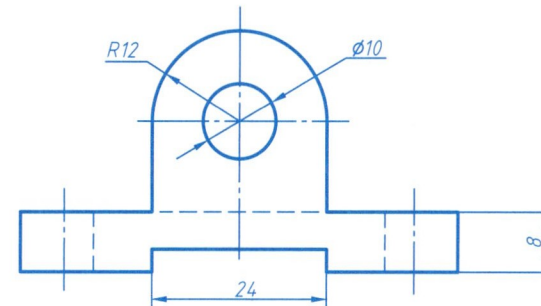 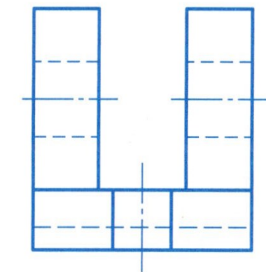

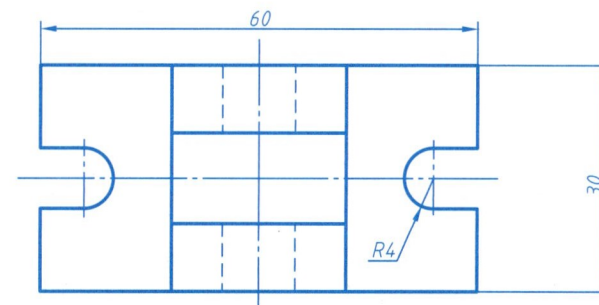

1. 读懂组合体三视图，并完成括号内的选择。

(1)

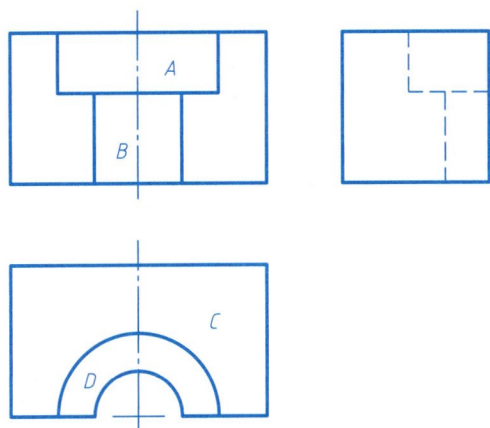

线框 *A* 表示＿＿＿＿面的投影（平、圆柱）。

线框 *D* 表示＿＿＿＿面的投影（平、圆柱）。

面 *A* 在面 *B* 之＿＿＿＿（前、后）。

面 *C* 在面 *D* 之＿＿＿＿（上、下）。

(2)

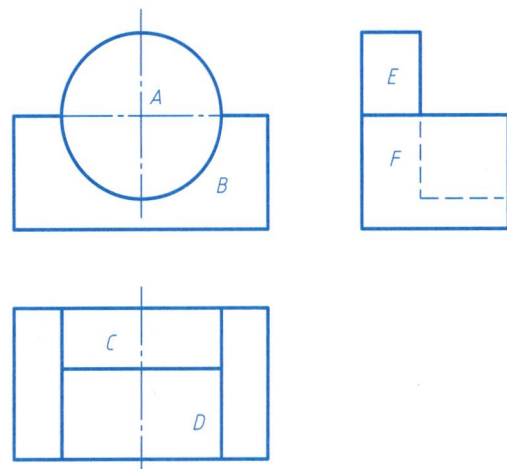

线框 *E* 表示＿＿＿＿面的投影（平、圆柱）。

面 *A* 在面 *B* 之＿＿＿＿（前、后）。

面 *E* 在面 *F* 之＿＿＿＿（左、右）。

面 *C* 在面 *D* 之＿＿＿＿（上、下）。

(3)

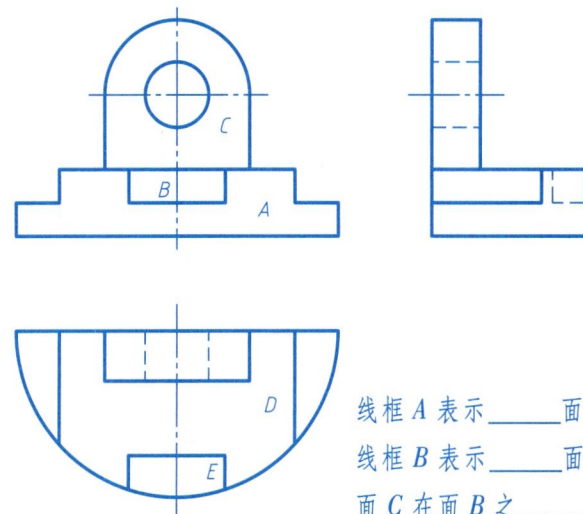

线框 *A* 表示＿＿＿＿面的投影（平、圆柱）。

线框 *B* 表示＿＿＿＿面的投影（平、圆柱）。

面 *C* 在面 *B* 之＿＿＿＿（前、后）。

面 *D* 在面 *E* 之＿＿＿＿（上、下）。

用铅笔将面 *A* 在三个视图中的投影涂色（如投影积聚为线，则用铅笔将其加粗 1 倍）。

2. 根据立体图补全视图中所缺的图线。

(1)

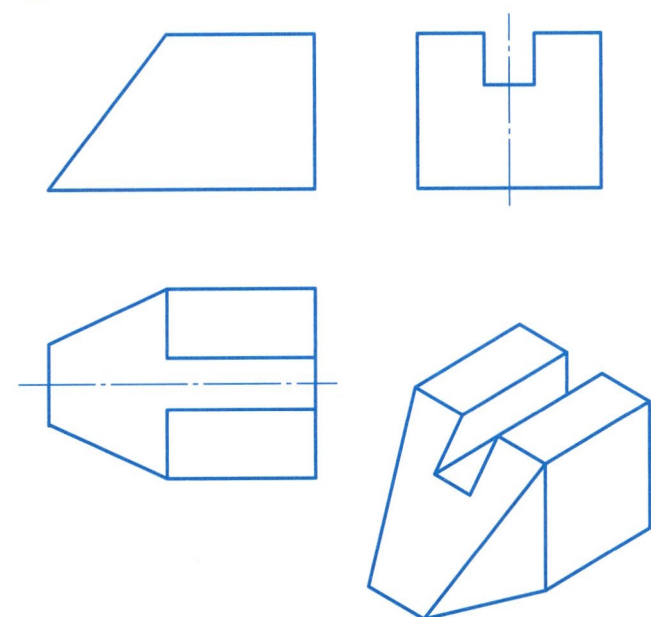

(2)

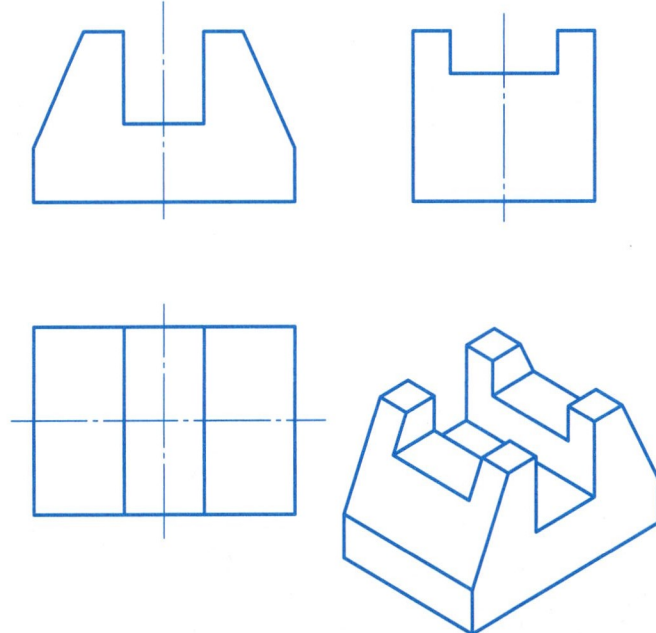

(3)

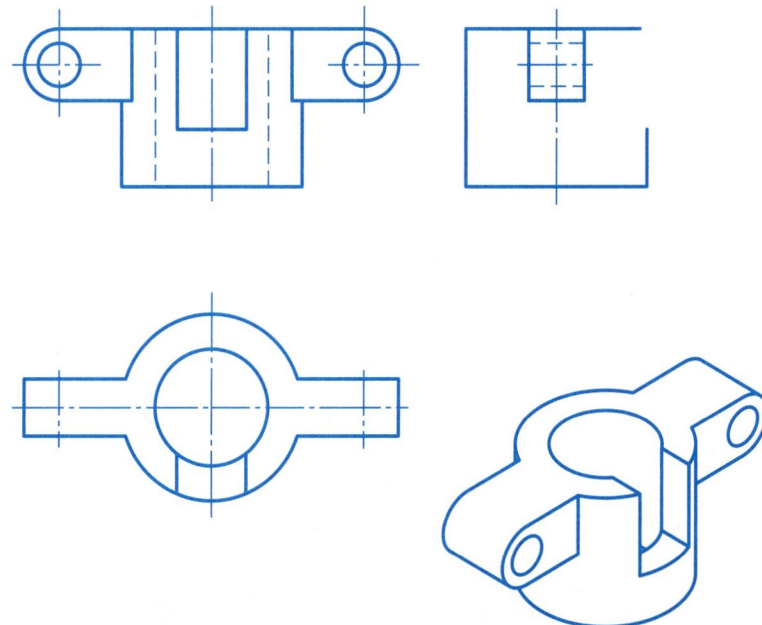

(1)

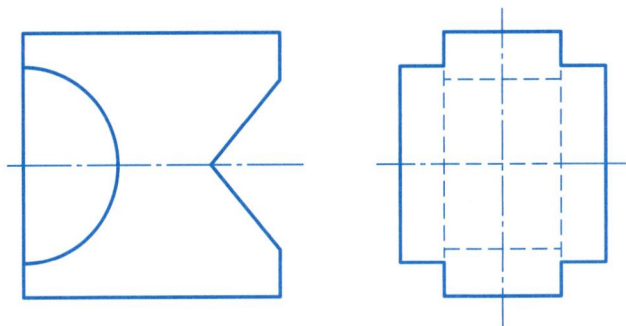

(2)

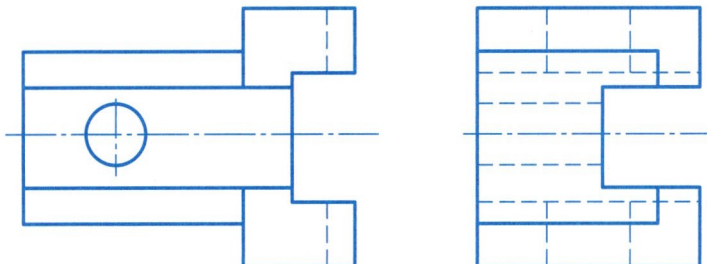

三维模型

(3)

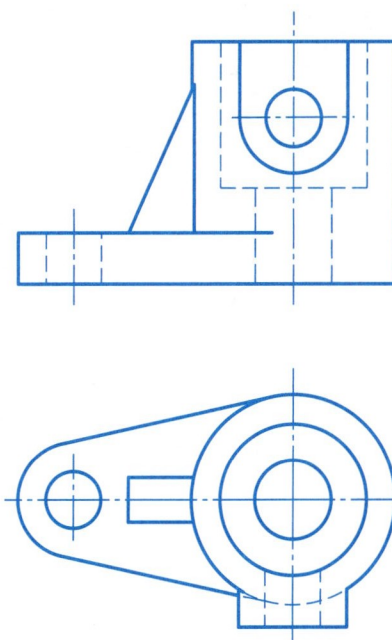

(4)

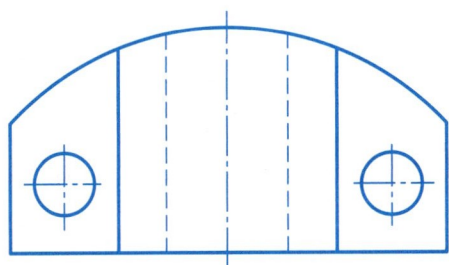

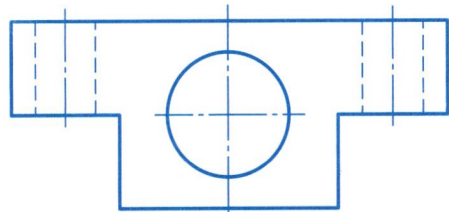

典型题解

(5)

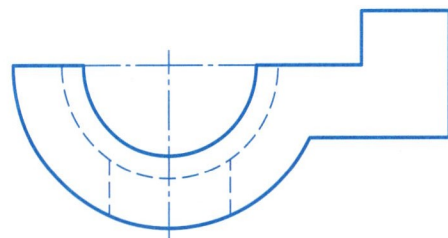

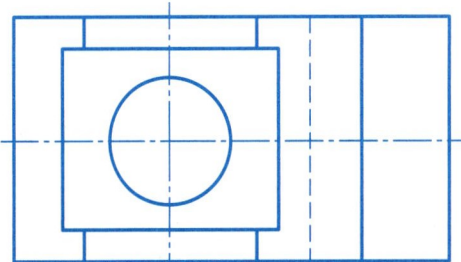

(6)

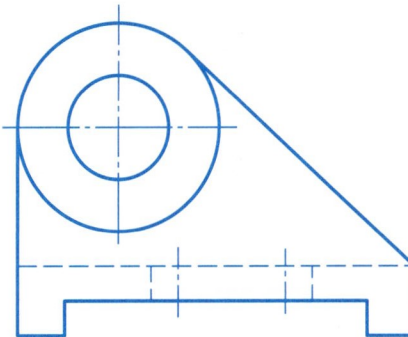

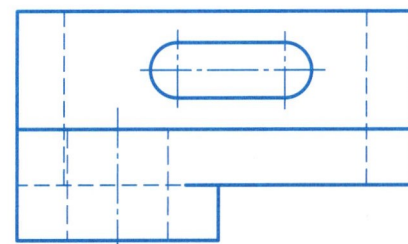

三维模型

一、图名:组合体仪器图练习

二、图幅:A2

三、提示

1. 将图纸竖放,如右图所示将其分为两栏。

2. 作业内容:本页1、2、3题任选两题。按2:1的比例画组合体三视图,并标注尺寸,尺寸数字从图中量取(取整)。

1.

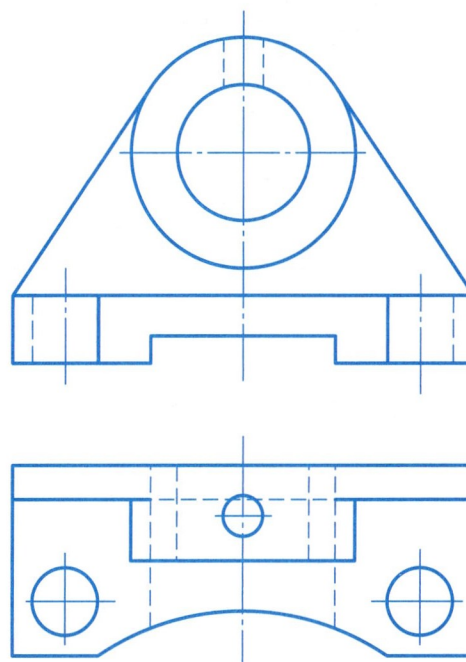

三维模型

2.

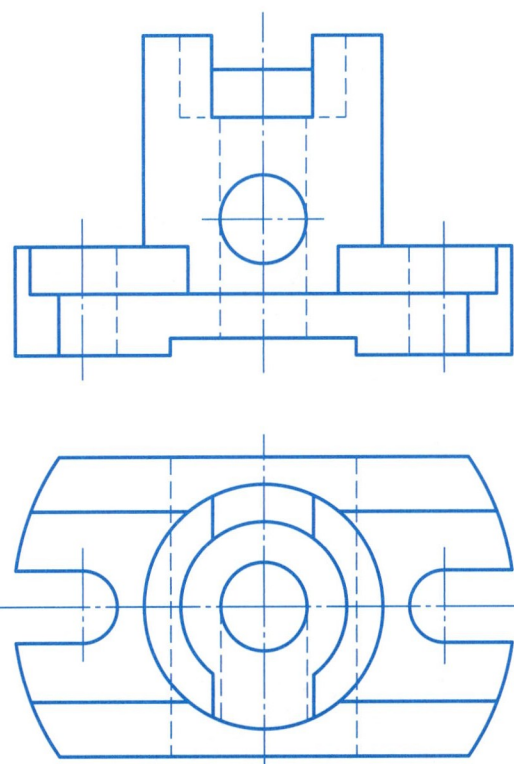

三维模型

3.

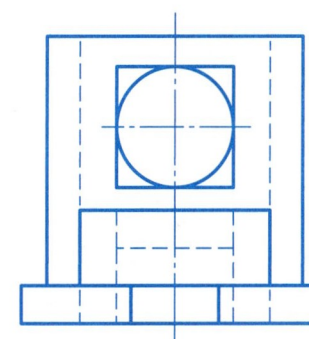

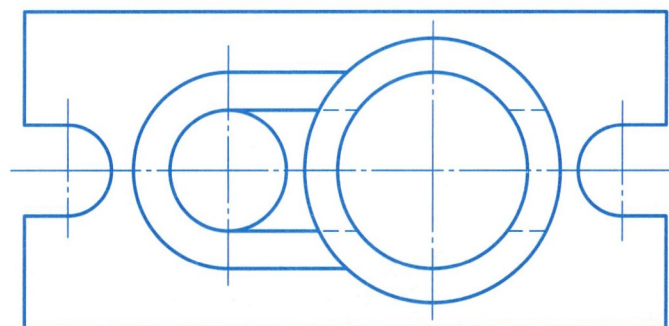

三维模型

1. 根据物体的视图画出其正等轴测图。

(1)

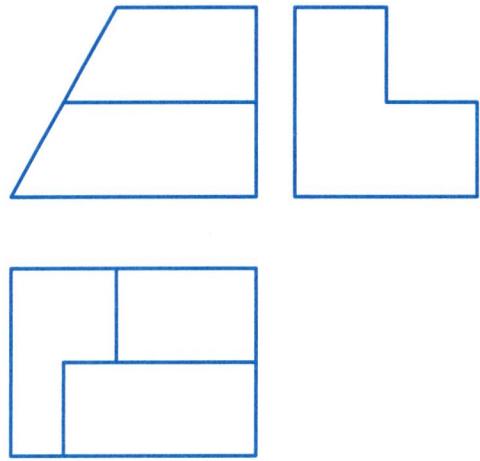
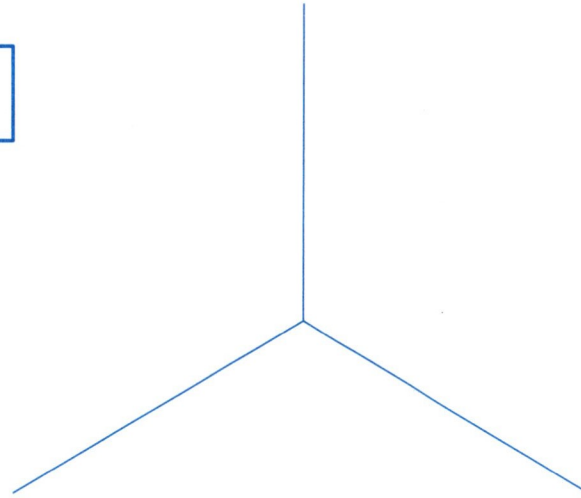

(2)

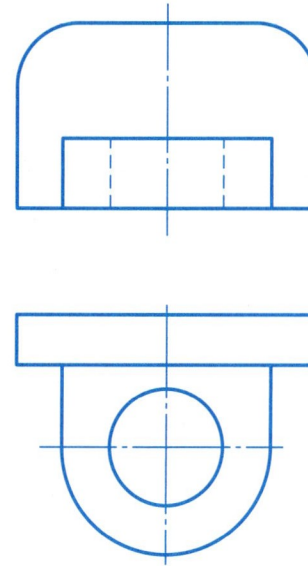
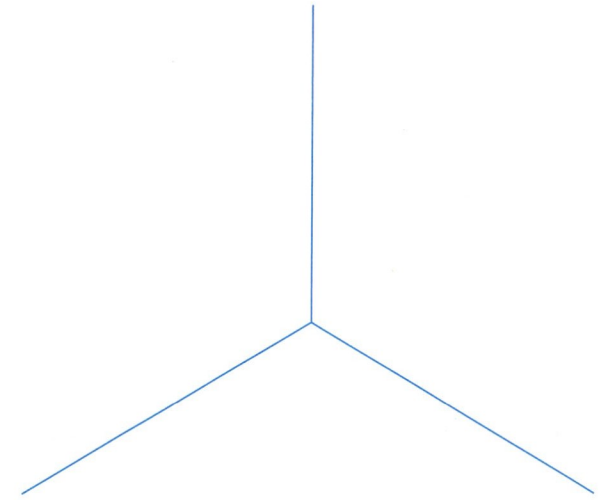

2. 根据物体的视图画出其斜二轴测图。

(1)

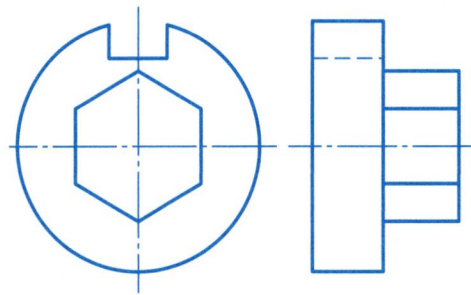
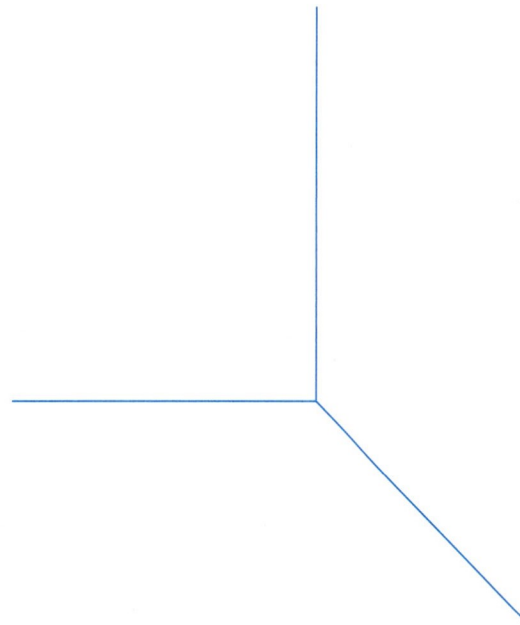

(2)

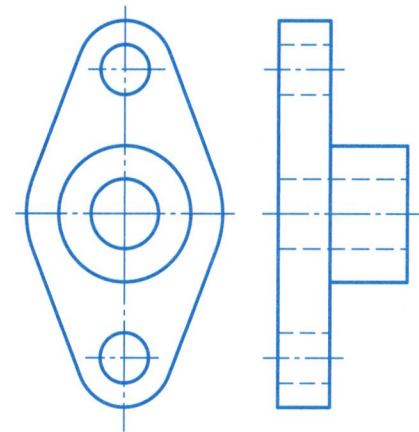
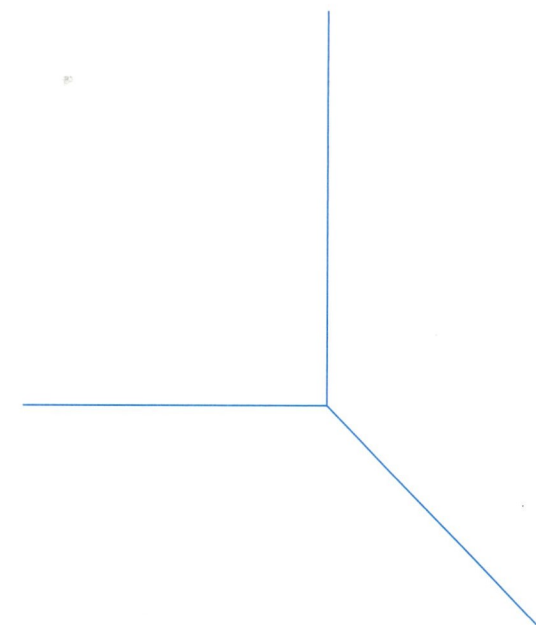

1. 补画视图中所缺的图线。（14分）

(1)（4分）

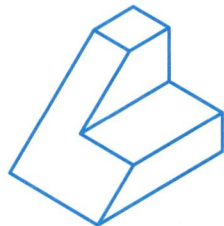

(2)（10分）

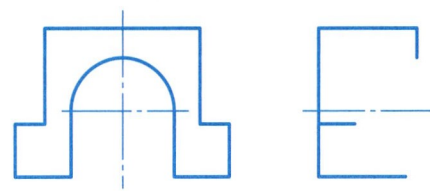

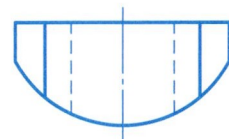

2. 补画主视图中所缺的图线。（22分）

(1)（7分）

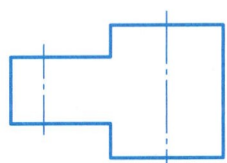
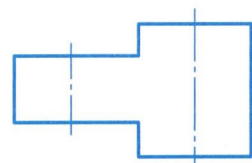
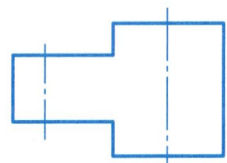

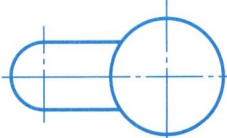
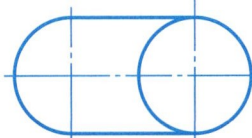
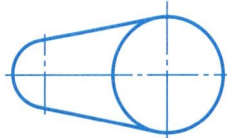

(a)   (b)   (c)

(2)（15分）

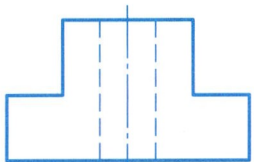
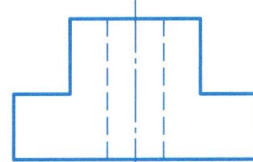
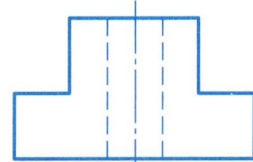

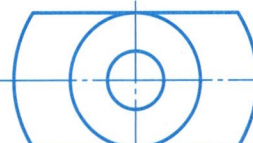
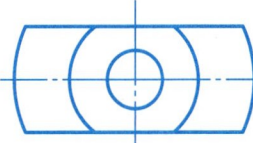

(a)   (b)   (c)

3. 读懂两视图，补画第三面视图。（64分）

(1)（16分）

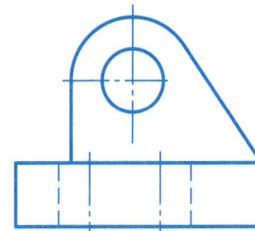

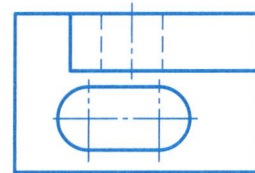

(2)（22分）

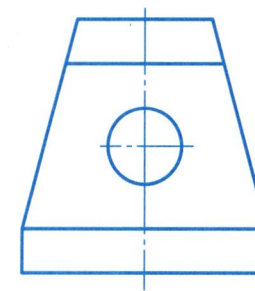
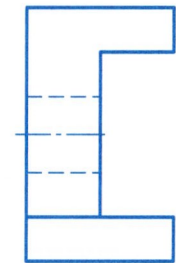

(3)（26分）

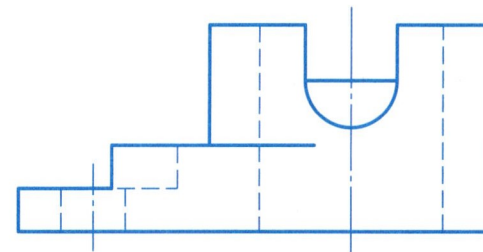

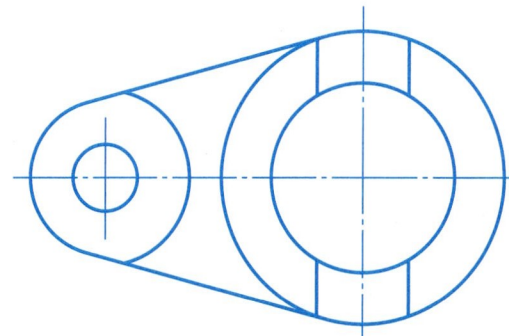

| 6-1 视图 | 专业班级　　学号　　姓名 | 27 |

1. 补画基本视图

（1）补画仰视图

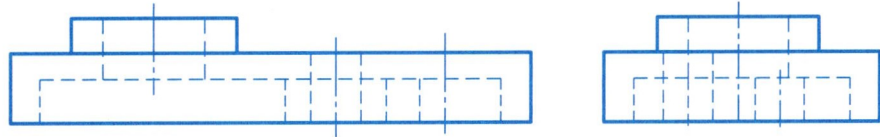

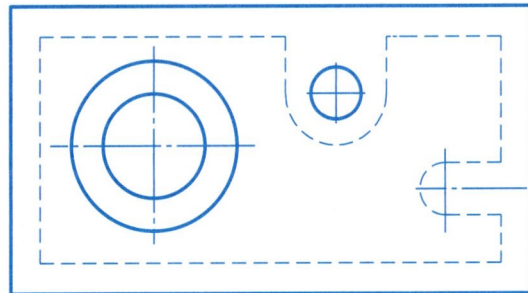

（2）补画右视图

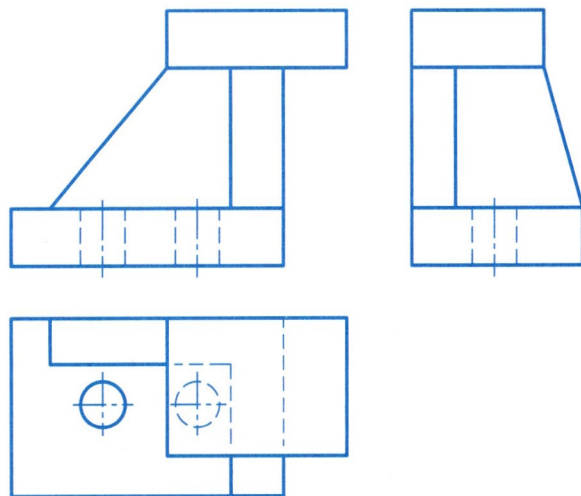

2. 补画 A 向、B 向局部视图。

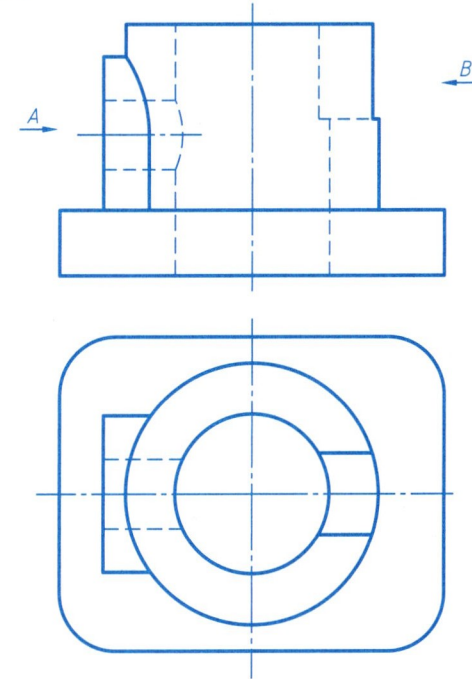

3. 补画 A 向斜视图。

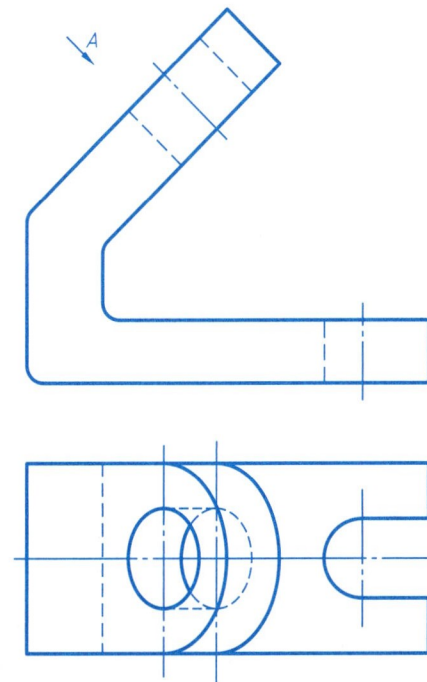

1. 补画作剖视后主视图中所缺的图线。

(1) 全剖视图　　　　　　　　(2) 半剖视图

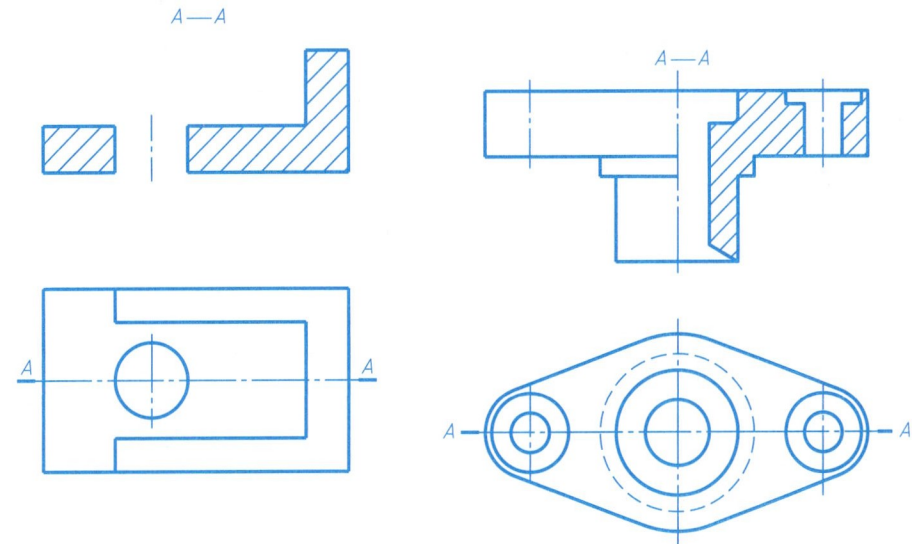

(3) 全剖视图　　　　　　　　(4) 全剖视图

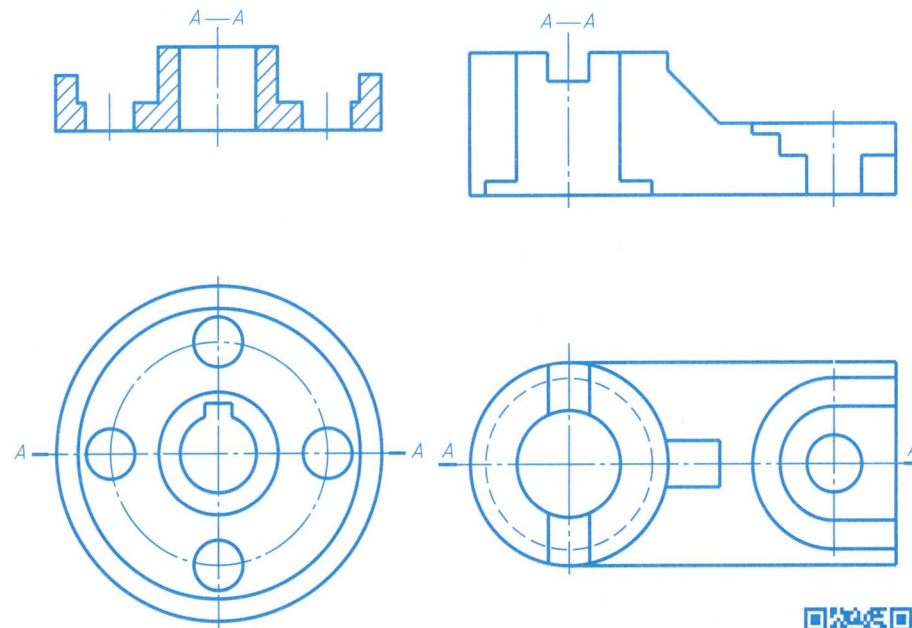

三维模型

2. 将主视图改画成全剖视图。

(1)　　　　　　　　　　　　(2)

三维模型

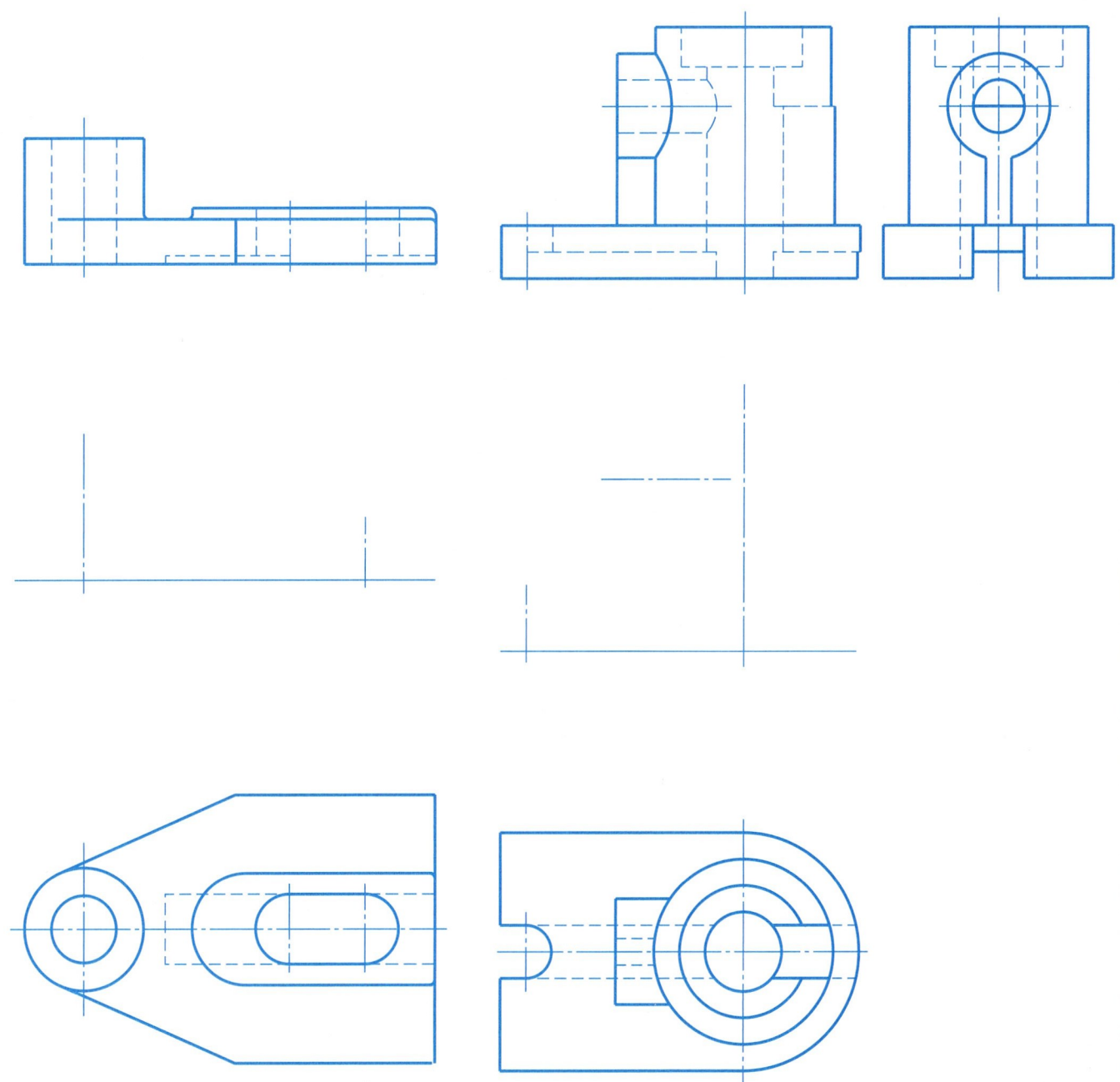

3. 将主视图和左视图画成半剖视图。

三维模型

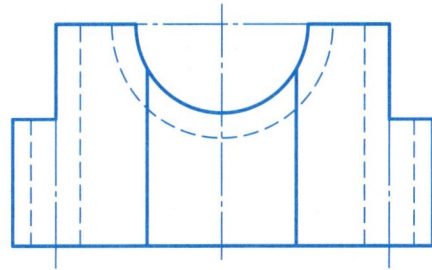

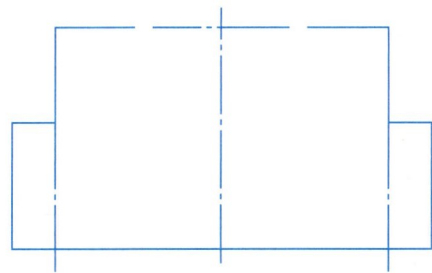 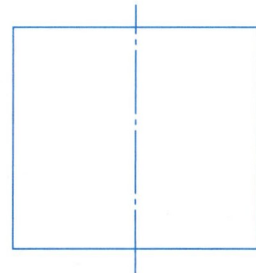

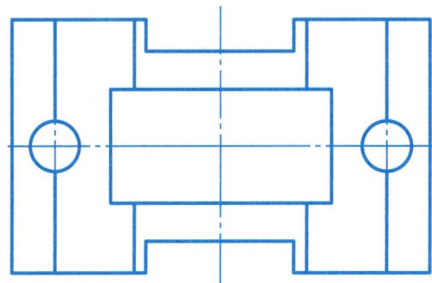

4. 将主视图和俯视图均改画成半剖视图，注意剖切的正确标注。

三维模型

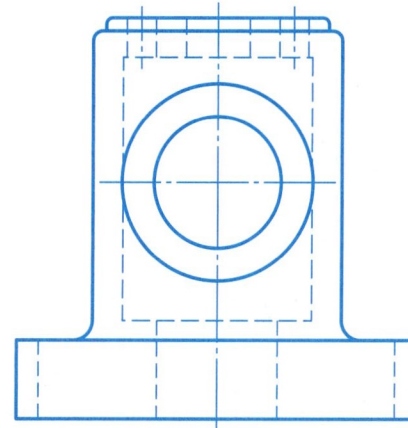 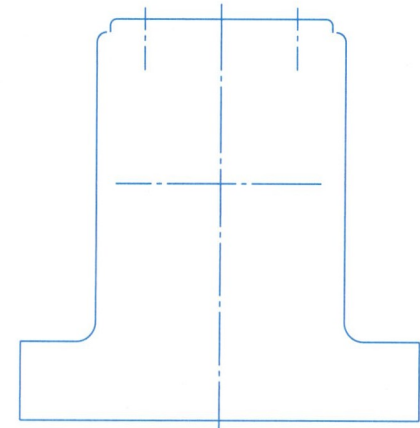

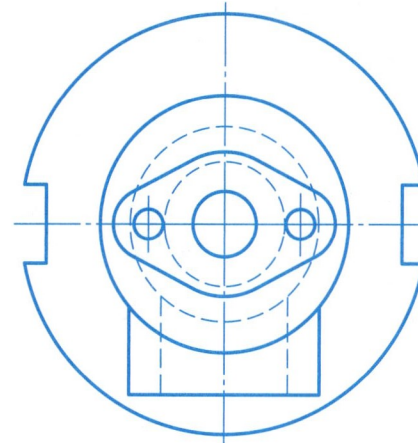 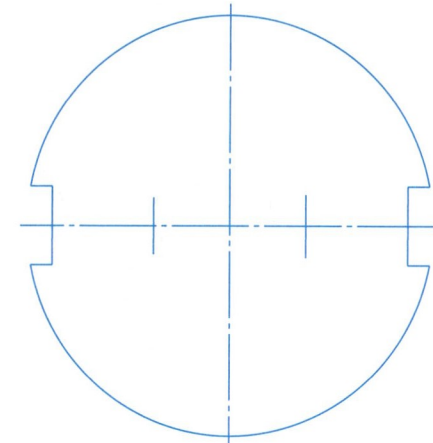

5. 将主视图和俯视图改画成局部剖视图。

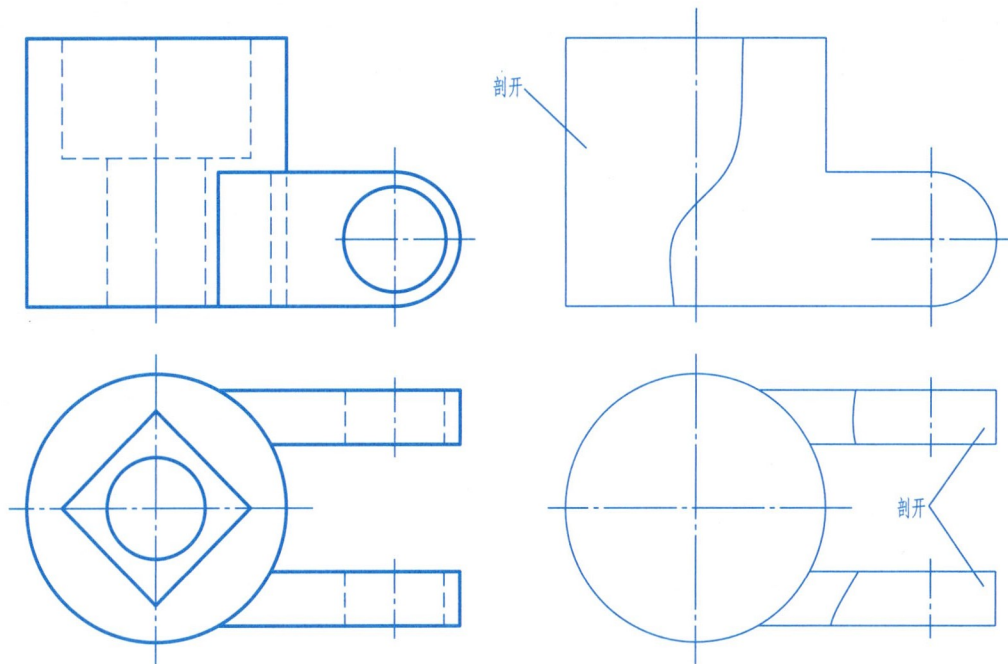

剖开

剖开

6. 将主视图和俯视图改画成局部剖视图。

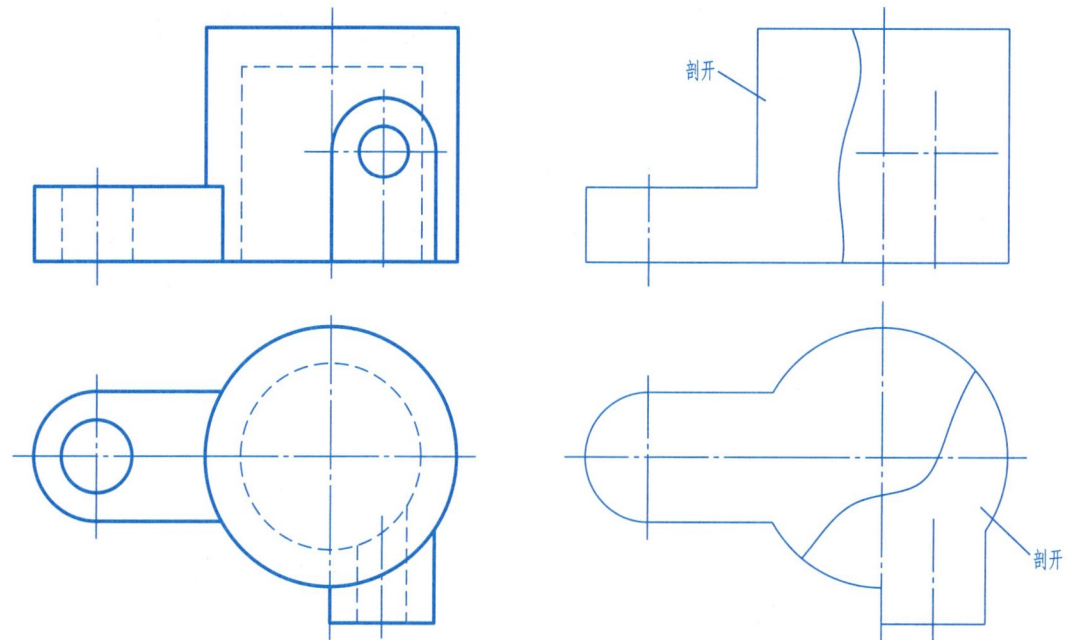

剖开

剖开

7. 完成主、俯视图中的局部剖视图，并作 A 向斜视图。

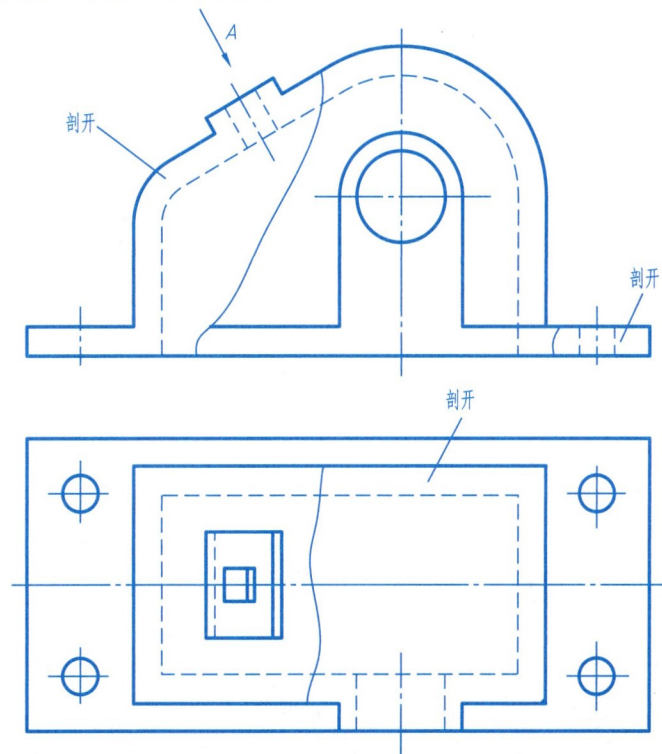

A

剖开

剖开

剖开

8. 完成 A—A 全剖视图，注意剖切的正确标注。

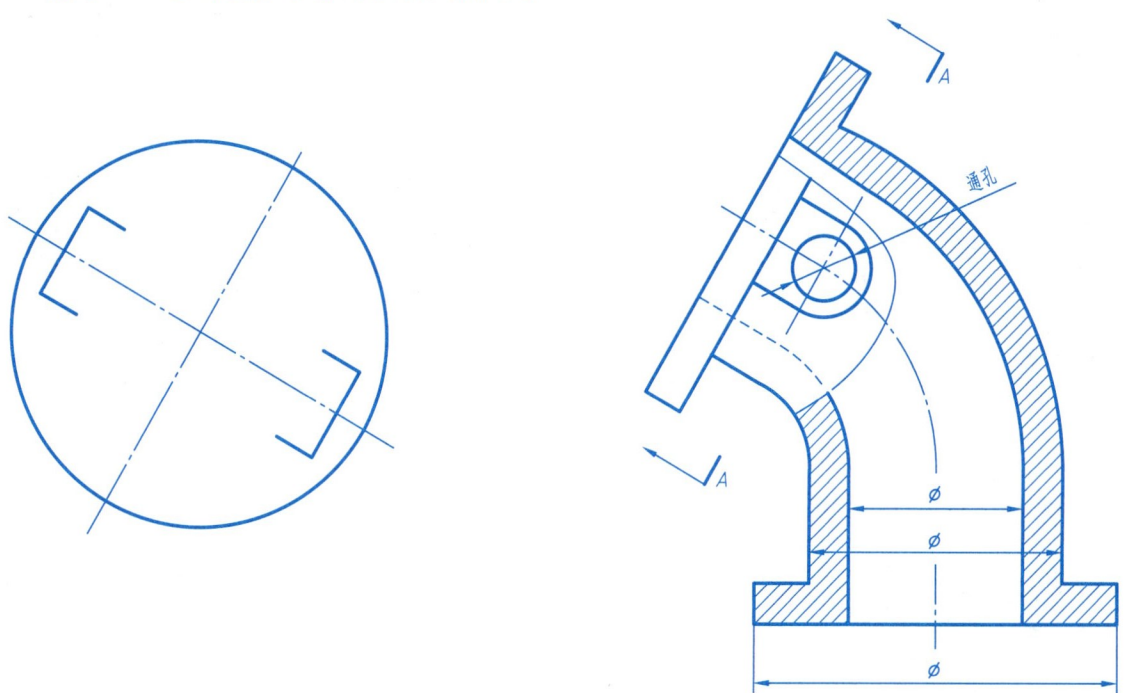

A

通孔

A

∅

∅

∅

9. 将主视图改画成全剖视图(用相交的剖切平面剖切),注意剖切标注。

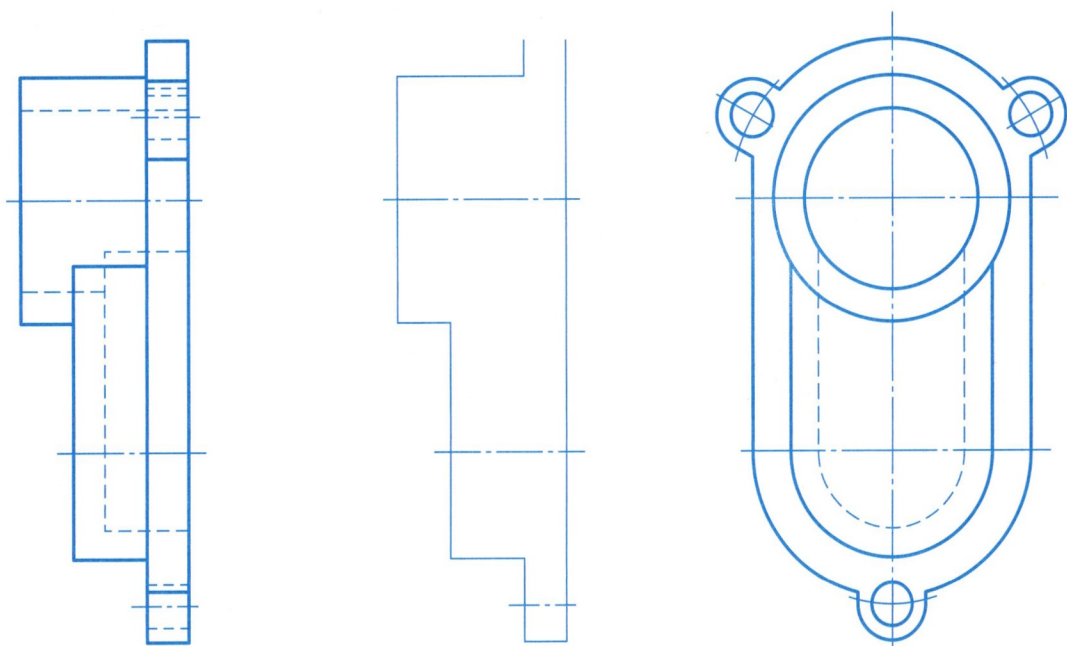

10. 根据已知主、俯视图,画出用两个相交的剖切平面剖切得到的 A—A 全剖主视图。

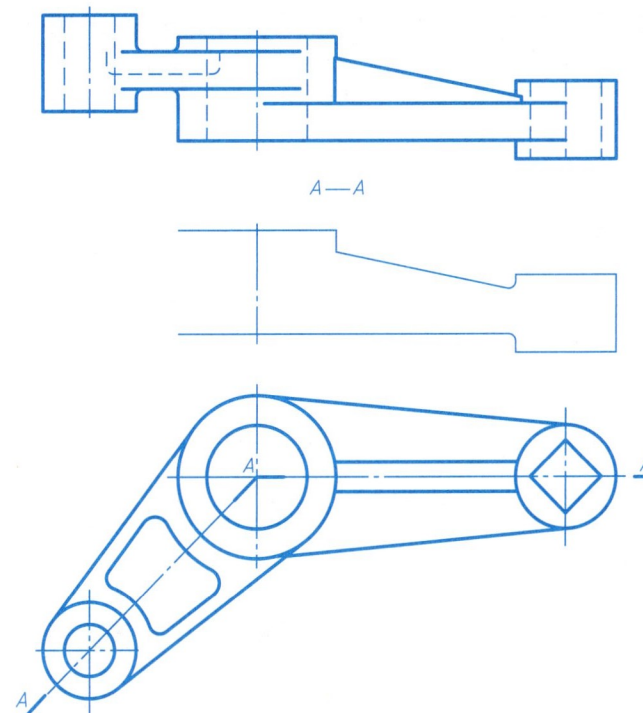

A—A

三维模型

11. 将左视图画成 A—A 全剖视图(用两个平行的剖切平面剖切),注意剖切标注。

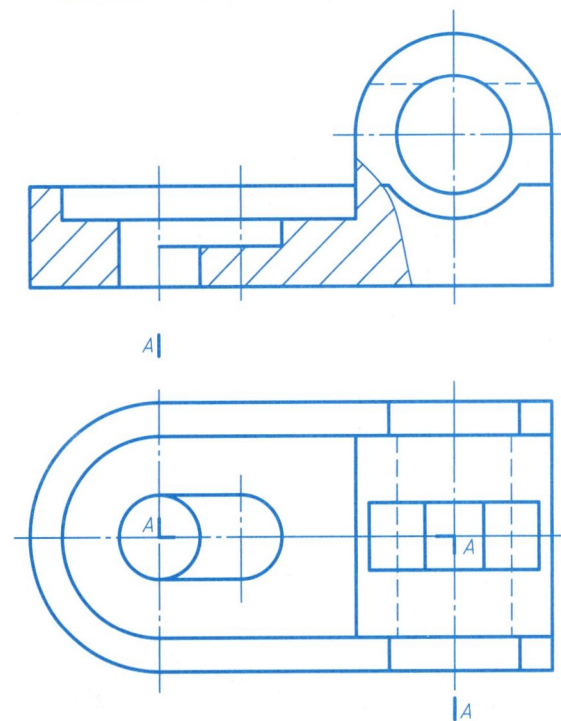

A

A

A

三维模型

12. 画出 A—A 全剖视图(用两个平行的剖切平面剖切)。

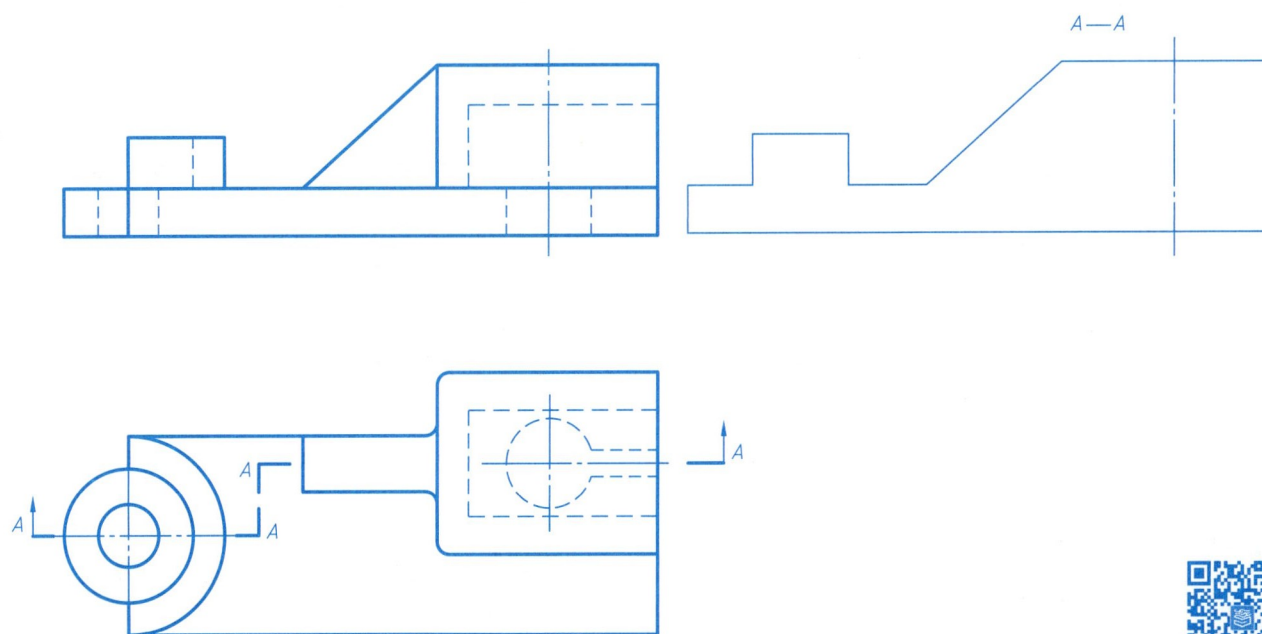

A—A

A

A

A

三维模型

1. 画出轴上指定位置的断面图（A 处键槽深 3.5 mm，D 处键槽深 3 mm，B 处为前后对称的两平面，两平面相距 18 mm）。

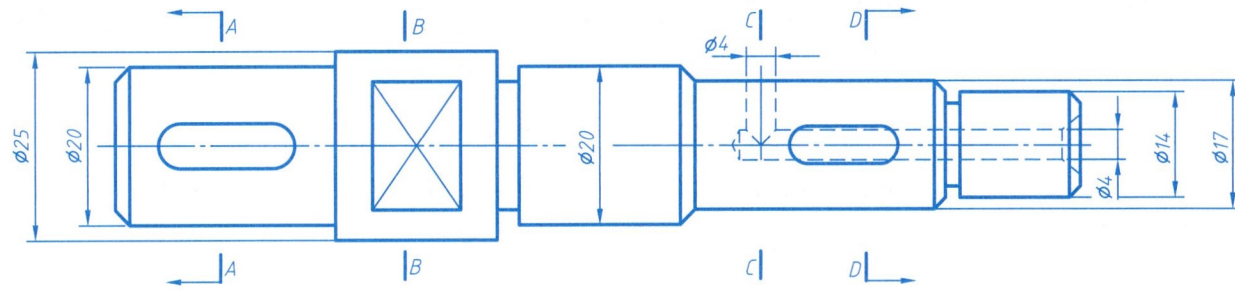

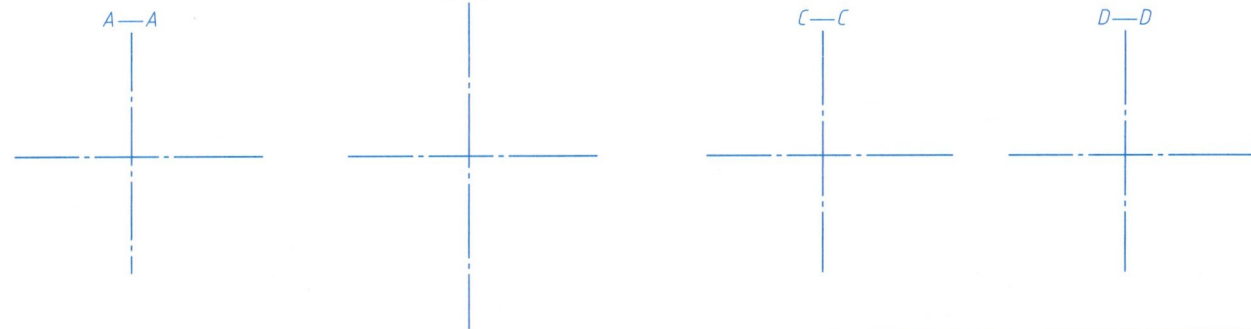

A—A   B—B   C—C   D—D

2. 下列四组移出断面图中，（　　）是正确的。

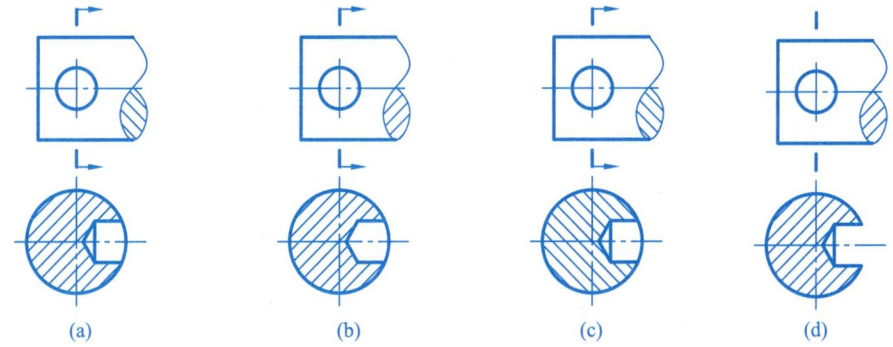

(a)   (b)   (c)   (d)

3. 下列四组重合断面图中，（　　）组是正确的。

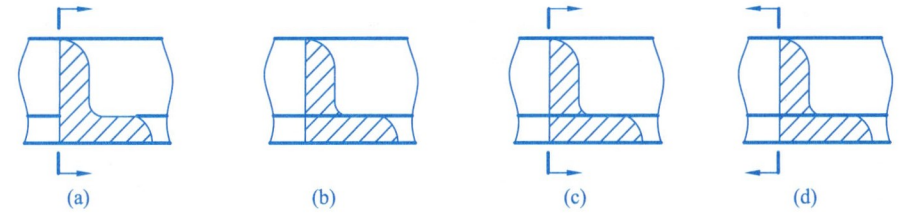

(a)   (b)   (c)   (d)

4. 画出 A—A 移出断面图。

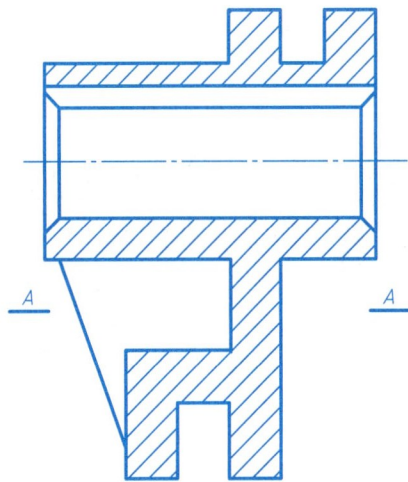

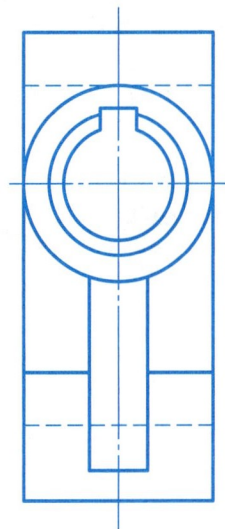

5. 在指定位置画出 A—A 移出断面图。

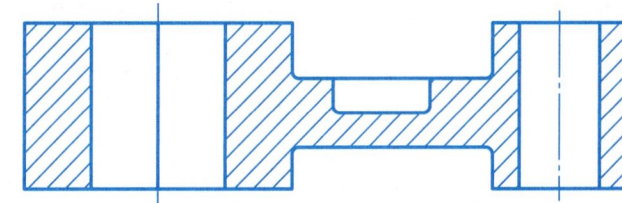

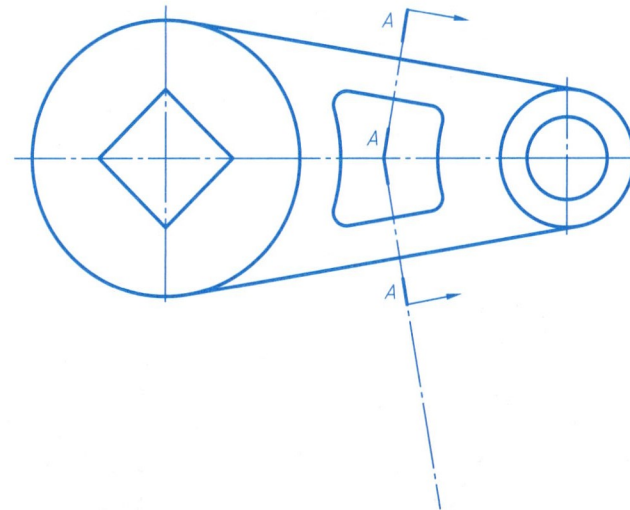

2. 重新选用适当的表达方法,按1:1的比例将下图所示机件画在A3图纸上并标注尺寸,注意表达结构要清楚、完整、简洁。

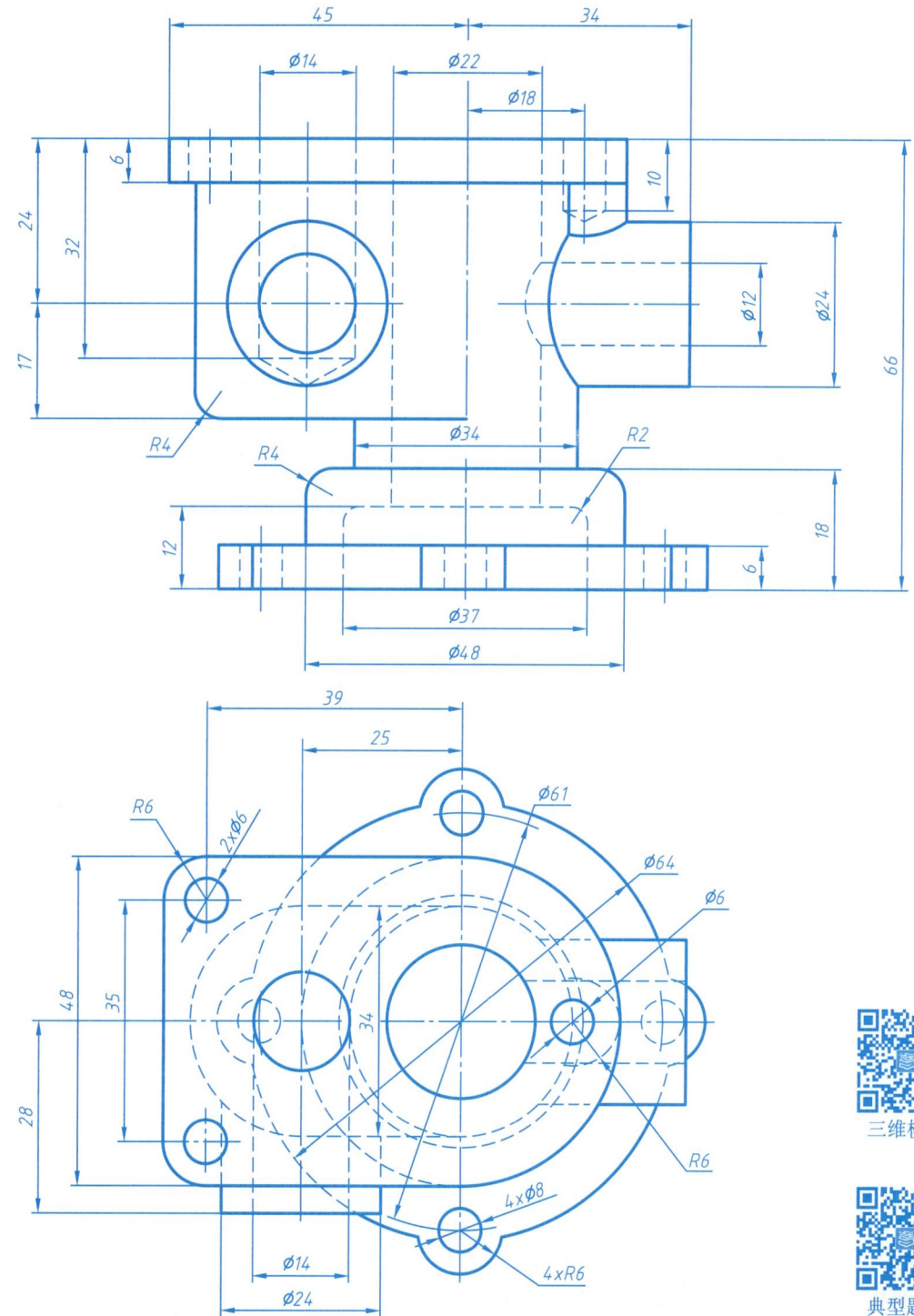

1. 看懂图形所表达机件的结构形状,给需要标注的图形补上标注。

三维模型

典型题解

1. 用适当的方法表达下列机件。(60分)

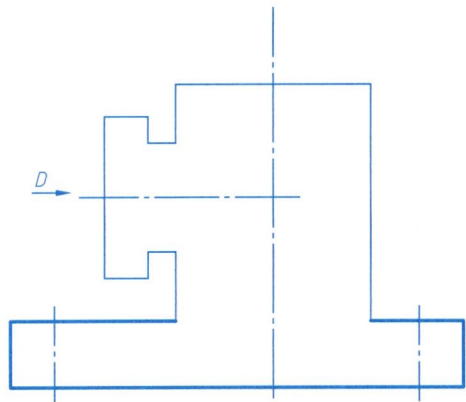

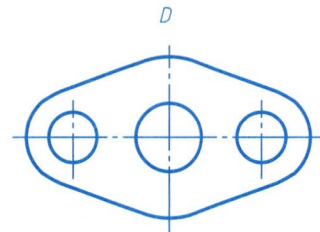

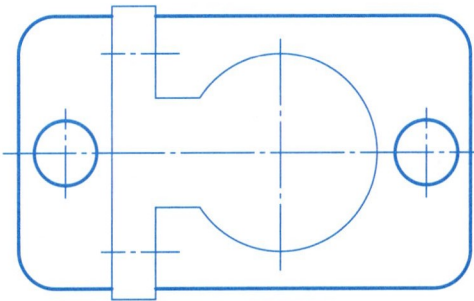

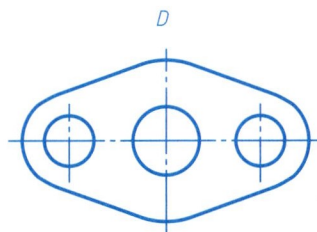

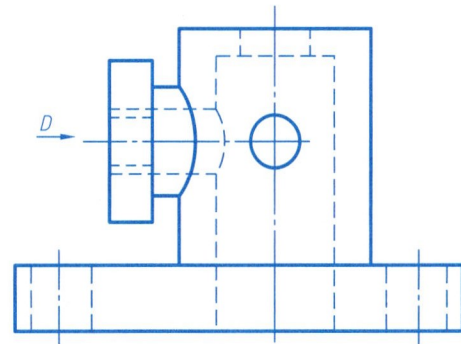

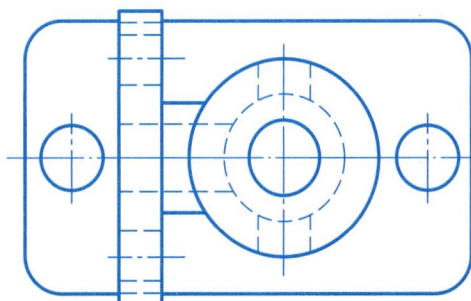

2. 下图中表达合理的主视图为( )。(10分)

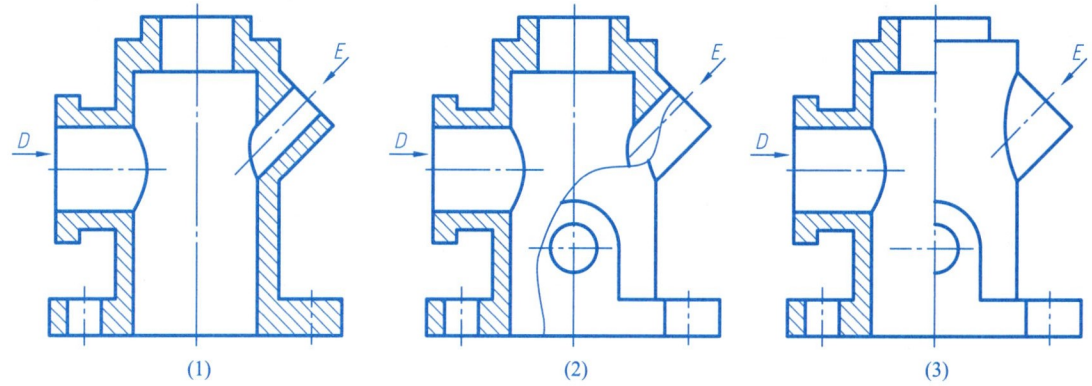

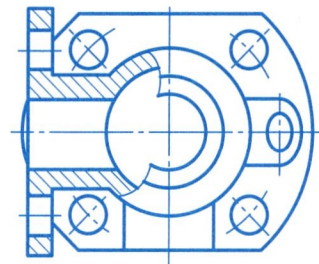

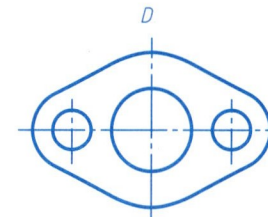

(1)   (2)   (3)

3. 指出剖视图中的错误,在右侧画出正确的剖视图,并绘制肋板 A—A 移出断面图。(30分)

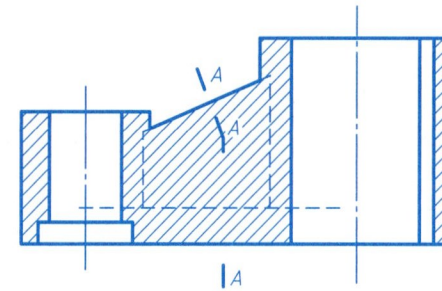

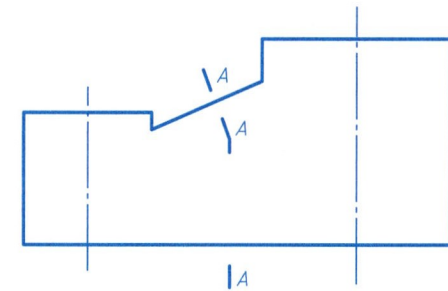

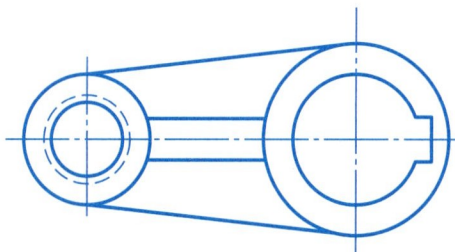

| 7-1 螺纹及螺纹连接 | 专业班级 | 学号 | 姓名 | 35 |

1. 分析螺纹画法中的错误,在指定位置画出正确的图形。

(1) 外螺纹

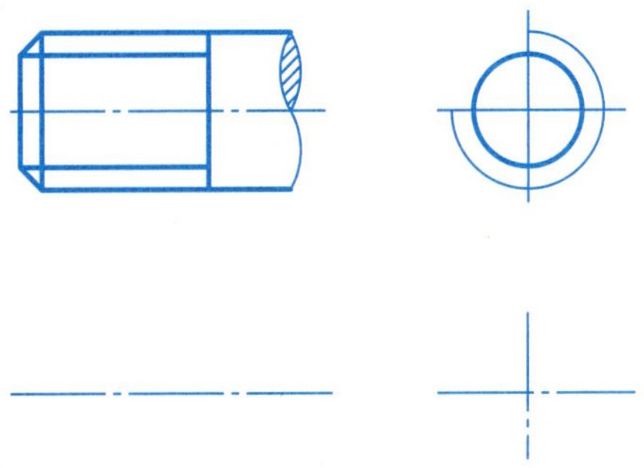

(2) 内螺纹

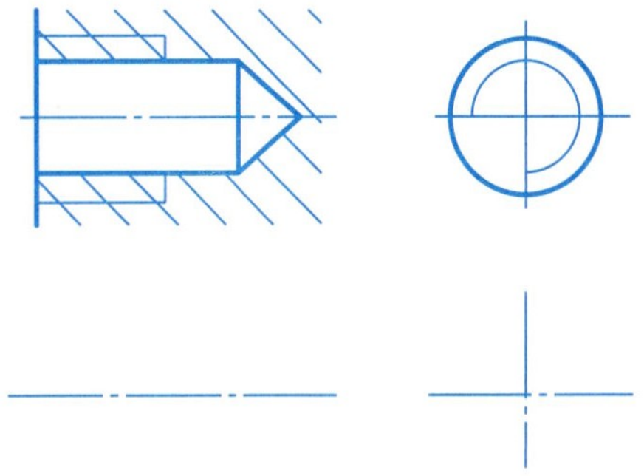

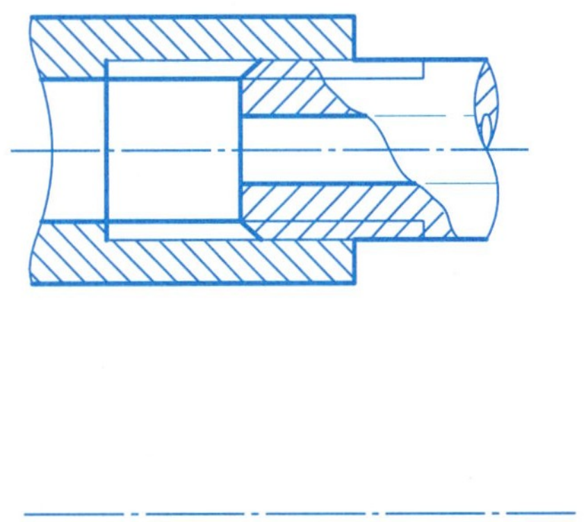

2. 在下列图中标注螺纹的规定代号。

(1) 粗牙普通螺纹,大径为 20 mm,螺距为 2.5 mm,中径和顶径的公差带代号为 7H,右旋。

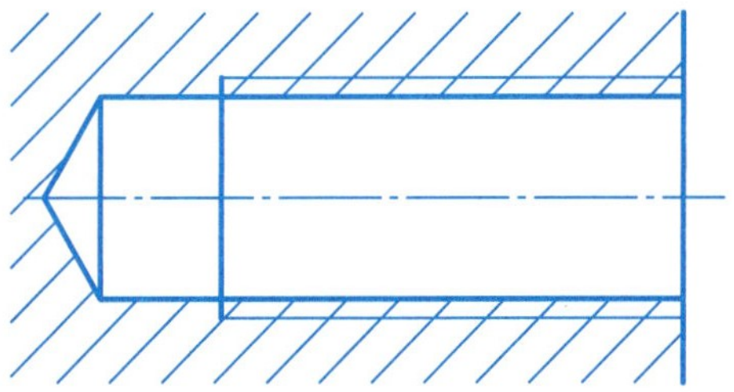

(2) 细牙普通螺纹,大径为 20 mm,螺距为 1.5 mm,中径和顶径的公差带代号为 6h,左旋。

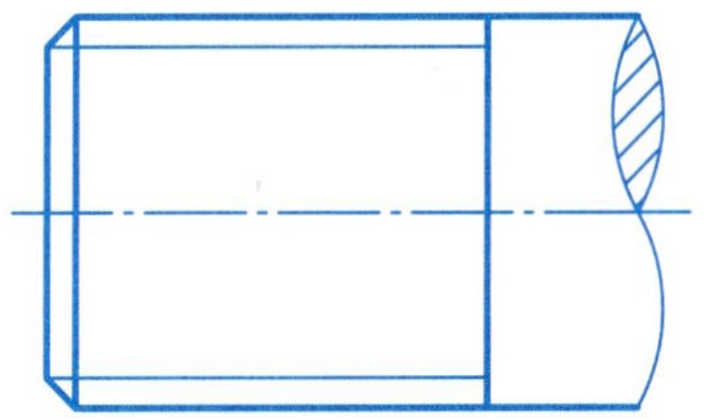

(3) 内螺纹

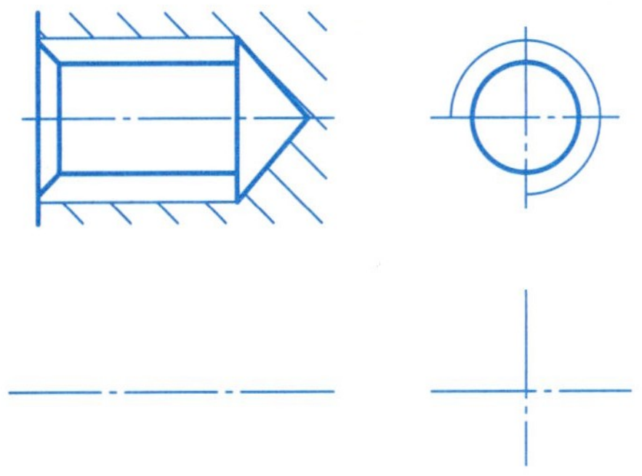

(4) 内螺纹(55°非密封管螺纹,螺孔相贯)

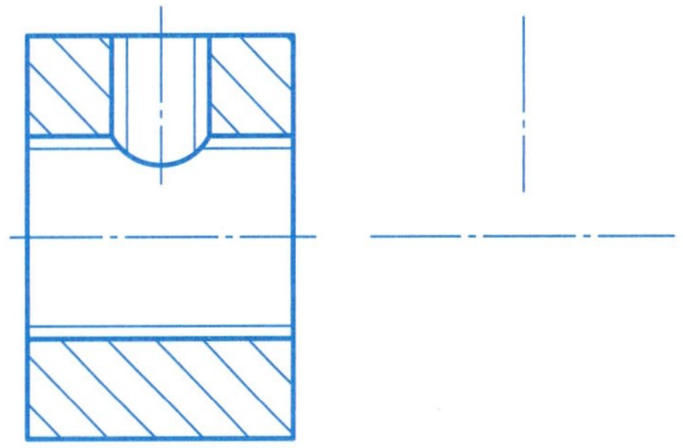

(3) 梯形螺纹,公称直径为 24 mm,导程为 10 mm,双线,左旋,中径的公差带代号为 7e。

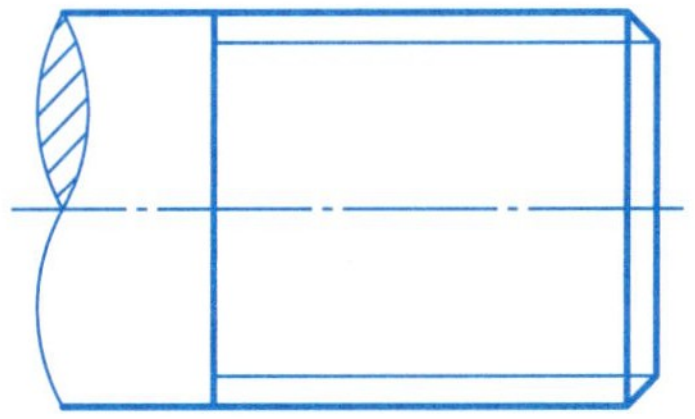

(4) 55°非密封管螺纹,外螺纹,A 级,右旋,尺寸代号为 3/4。

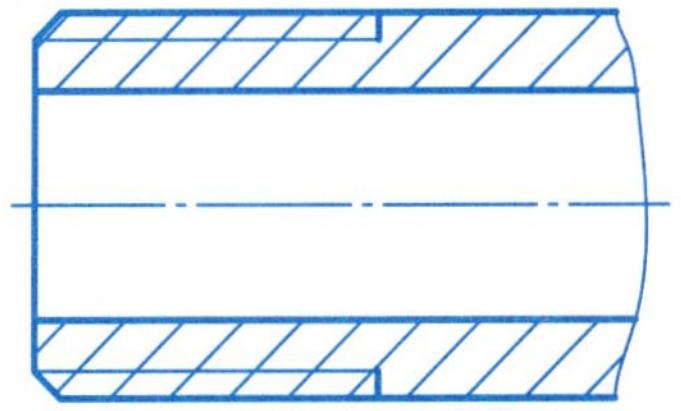

(5) 内、外螺纹的连接

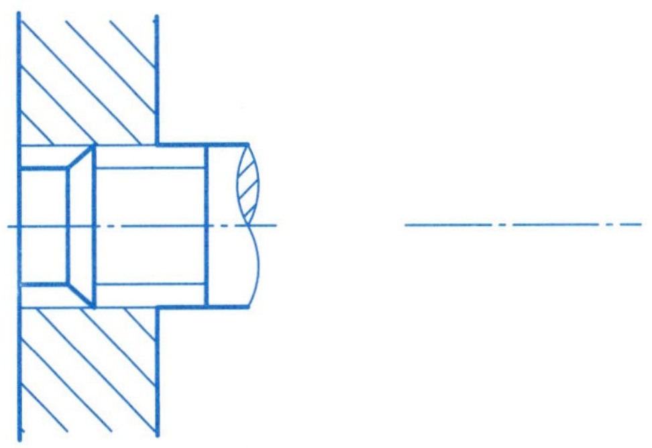

(6) 内、外螺纹(55°非密封管螺纹)连接

3. 根据螺纹代号,查表并填写螺纹各要素。

(1)

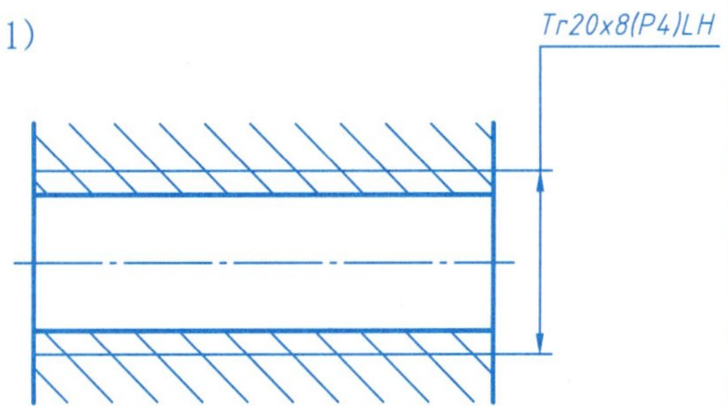

Tr20x8(P4)LH

该螺纹为_____螺纹;公称直径为_____mm;
螺距为_____mm;线数为_____;
导程为_____mm;旋向为_____。

(2)

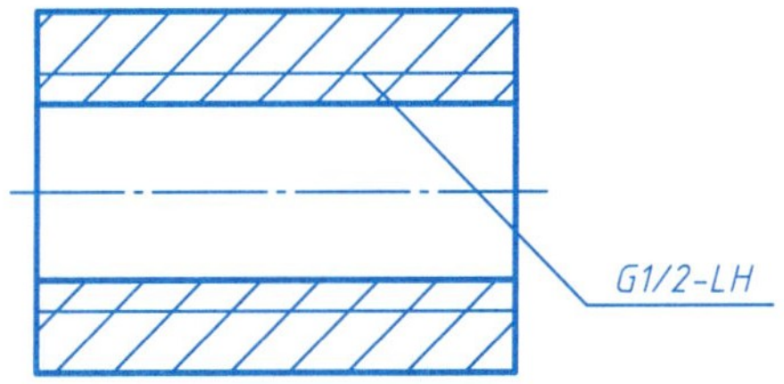

G1/2-LH

该螺纹为_____螺纹;大径为_____mm;
小径为_____mm;螺距为_____;
线数为_____mm;旋向为_____。

4. 根据螺纹的标记,查阅主教材附表填全表内各项内容。

(1) 普通螺纹和梯形螺纹

螺纹标记	螺纹种类(内/外)	公称直径/mm	导程/mm	螺距/mm	线数	旋向	公差带代号	旋合长度
M20-7H	粗牙普通内螺纹	20	2.5	2.5	1	右	7H	中等
M16×1.5-5g6g-S								
Tr36×6(P3)-7e								
B32×6-7A								
M10-6H-L-LH								
Tr24×5-8H								

(2) 管螺纹

螺纹标记	螺纹种类	尺寸代号	螺纹大径	螺纹小径	每25.4 mm内的牙数	螺距	旋向
G1/2							

5. 从主教材附表中查出下列各螺纹紧固件的相关尺寸并标注,同时写出其规定标记。

(1) 螺纹规格 $d=12$ mm,公称长度 $L=45$ mm,A 级的六角头螺栓(GB/T 5782—2016)。

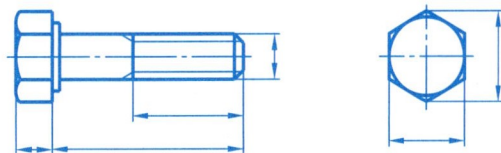

标记:＿＿＿＿＿＿＿＿

(2) 两端均为粗牙螺纹,螺纹规格 $d=16$ mm,公称长度 $L=50$ mm,B 型,$b_m=1d$ 的双头螺柱(GB/T 897—1988)。

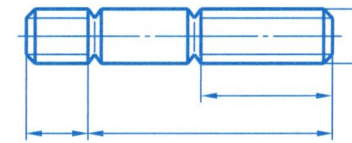

标记:＿＿＿＿＿＿＿＿

(3) 螺纹规格 $d=8$ mm,公称长度 $l=30$ mm 的开槽圆柱头螺钉(GB/T 65—2016)。

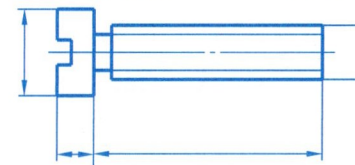

标记:＿＿＿＿＿＿＿＿

(4) 螺纹规格 $d=12$ mm,A 级的 1 型六角螺母(GB/T 6170—2015)。

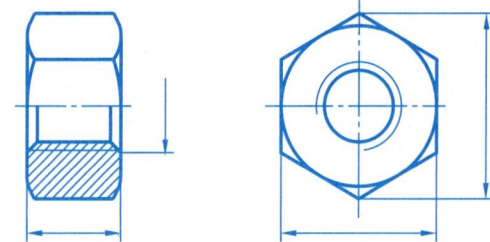

标记:＿＿＿＿＿＿＿＿

(5) 标准系列,公称尺寸为 $d=12$ mm 的平垫圈(GB/T 97.1—2002)。

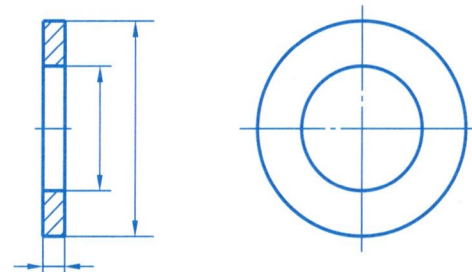

标记:＿＿＿＿＿＿＿＿

6. 采用查表法按 1∶1 的比例绘制螺栓连接的三视图（主视图画成全剖视图，俯、左视图画外形图）。

已知条件：螺栓 GB/T 5782 M20×l 螺母 GB/T 6170 M20，垫圈 GB/T 97.1 20 A140，板厚 t_1＝20 mm，t_2＝25 mm。

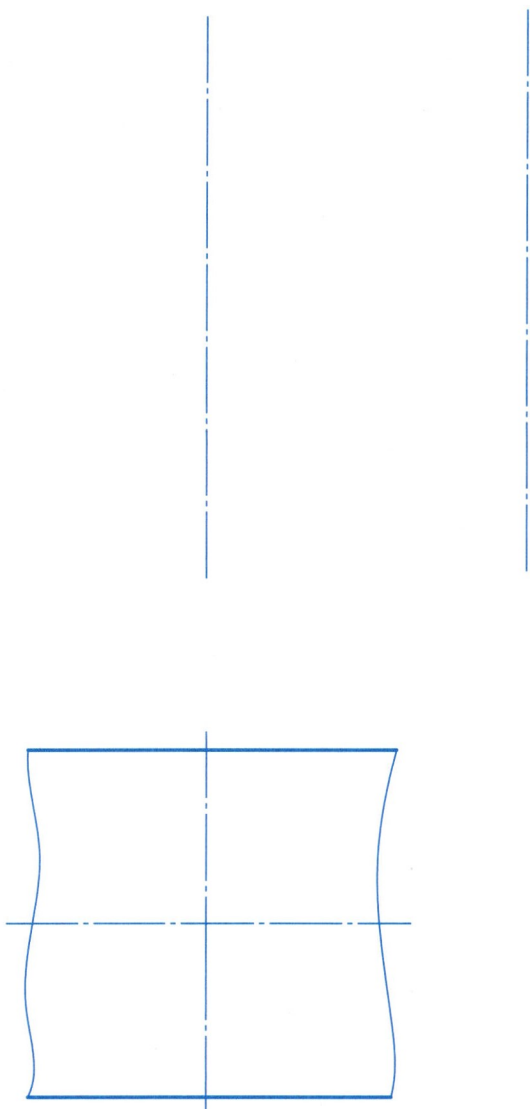

典型题解

7. 采用查表法按 1∶1 的比例绘制双头螺柱连接的两视图（主视图画成全剖视图，俯视图画成外形图）。

已知条件：螺柱 GB/T 898 M20×l 螺母 GB/T 6170 M20，垫圈 GB/T 93 20，光孔件厚度：t＝20 mm，螺孔件材料为铸铁。

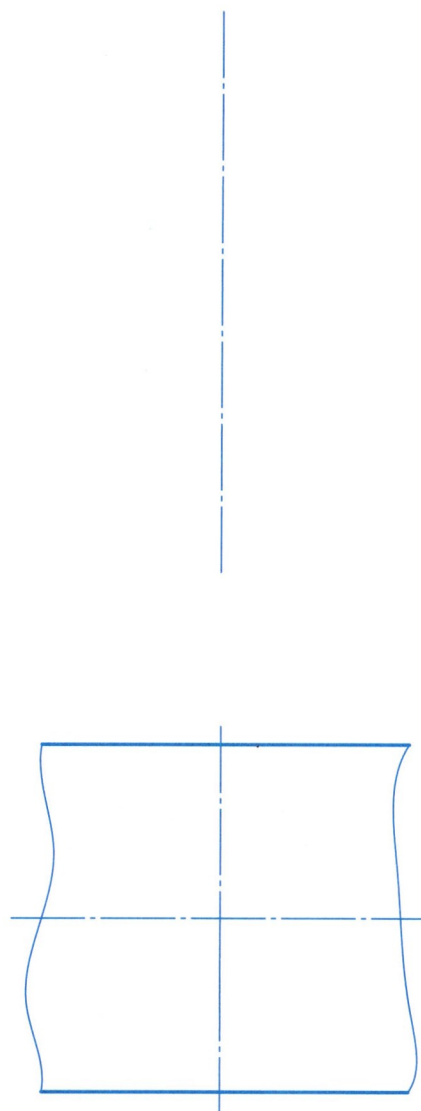

8. 采用查表法按 2∶1 的比例绘制螺钉连接的两视图（主视图画成全剖视图，俯视图画成外形图）。

已知条件：螺钉 GB/T 68 M10×l，光孔件厚度 t＝15 mm，螺孔件材料为铝合金。

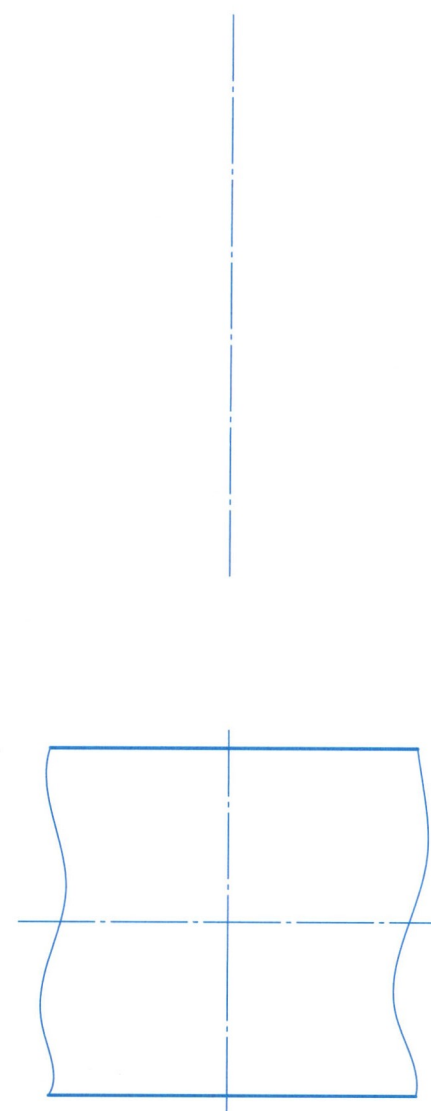

典型题解

1. 已知齿轮和轴用 A 型普通平键连接,轴孔直径为 20 mm,键的长度为 18 mm。

(1) 查主教材附表 17、18 确定键的尺寸,写出键的规定标记。

(2) 查表确定轴、孔键槽尺寸,补全下列图形,并标注图中轴、孔键槽尺寸(图1、图2)。

(3) 补画键连接图(图3)。

键的规定标记:_____

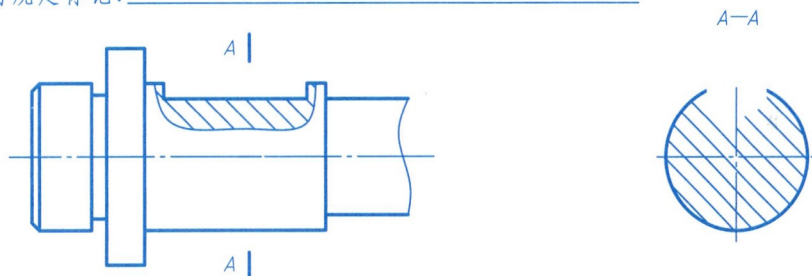

图1　轴

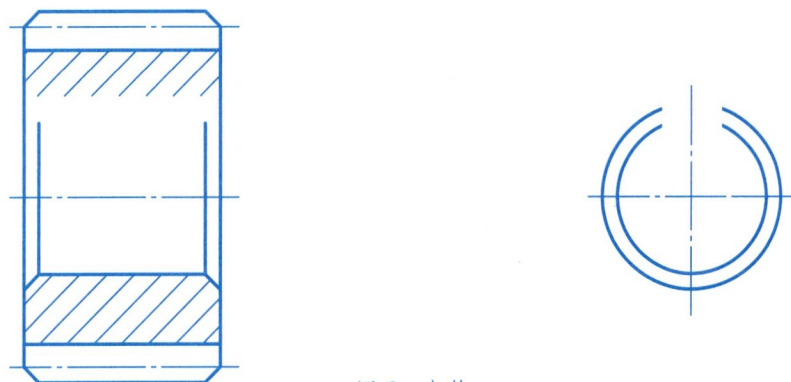

图2　齿轮

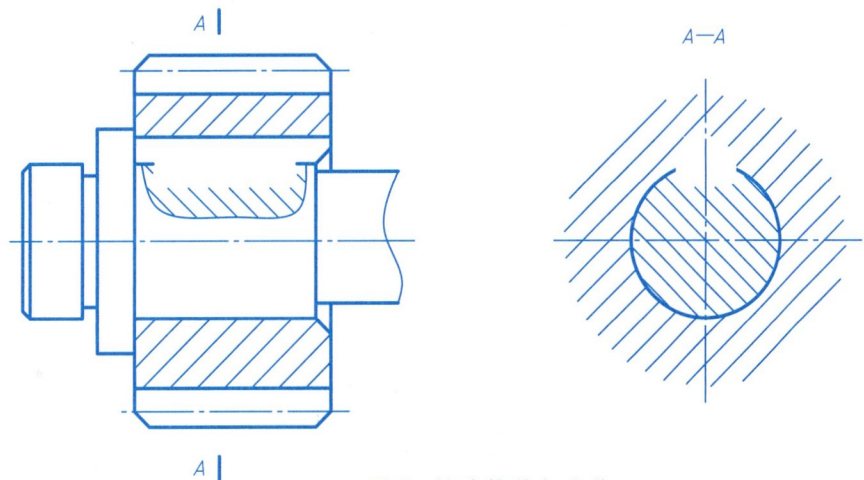

图3　键连接轴与齿轮

典型题解

2. 销连接。

(1) 画出 $d=6$ mm、A 型圆锥销连接图(补齐轮廓线和剖面线),并写出该销的标记。

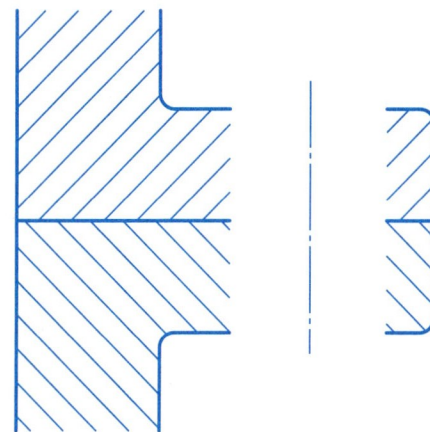

标记:_____

(2) 画出 $d=6$ mm、圆柱销连接图(补齐轮廓线和剖面线),并写出该销的标记。

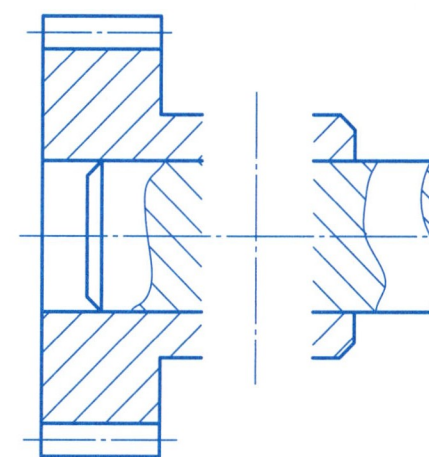

标记:_____

3. 滚动轴承的画法。

(1) 根据滚动轴承的代号标记,查表确定有关尺寸。

(2) 采用规定画法,按 1:1 的比例画出滚动轴承的另一半详细图形。

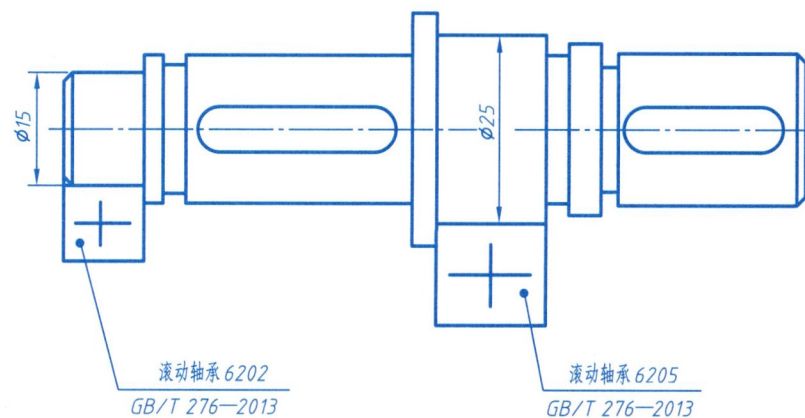

滚动轴承 6202
GB/T 276—2013

滚动轴承 6205
GB/T 276—2013

1. 已知一直齿圆柱齿轮的齿数 $z=40$，模数 $m=5$ mm，其他结构如图所示，试计算出 d_a、d、d_f 等尺寸，按 $1:2$ 的比例补全视图，并标注尺寸（键槽尺寸查教材附表确定）。

$5\times\phi24$

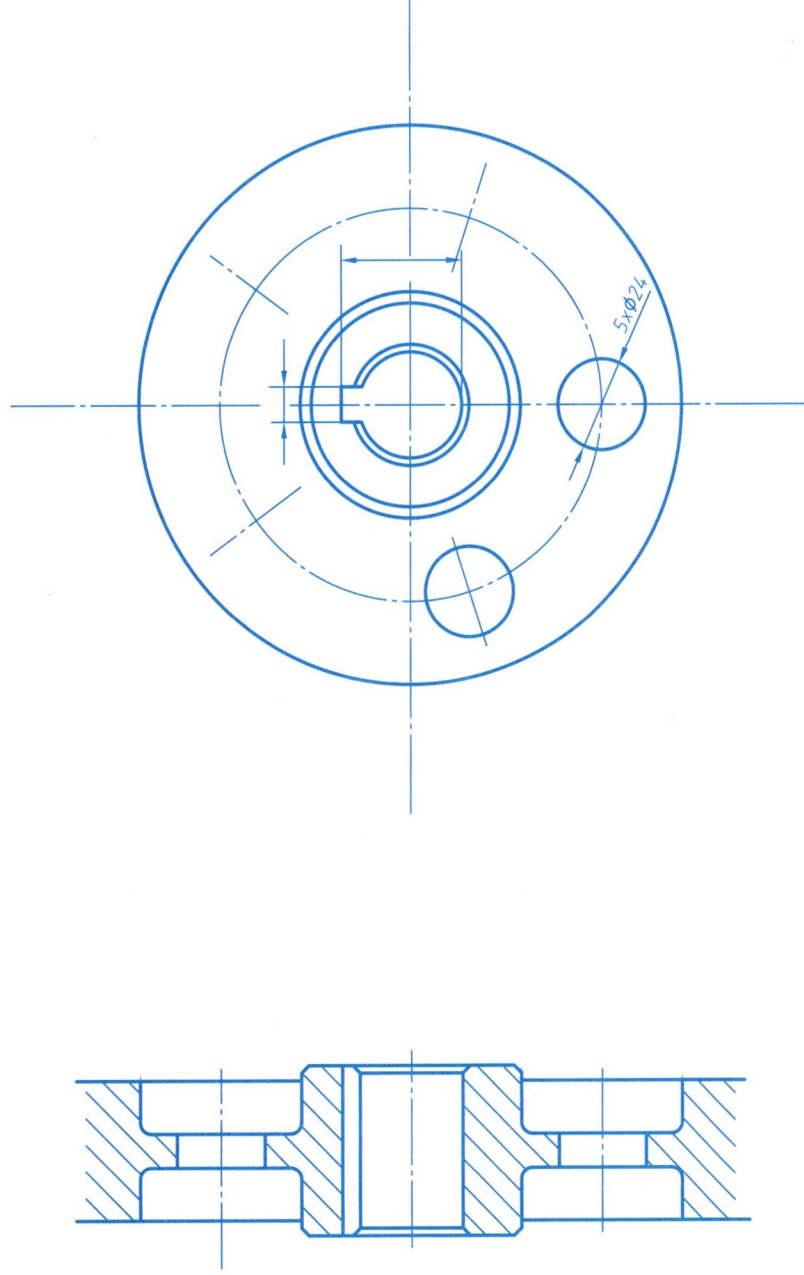

2. 已知大齿轮齿数 $z_2=38$，模数 $m=5$ mm，两齿轮的中心距 $a=142.5$ mm。试计算大、小齿轮的分度圆，齿顶圆及齿根圆直径，按 $1:2$ 的比例画出两齿轮的啮合图。

$z_2=$
$d_{a2}=$
$d_{f2}=$
$d_2=$
$z_1=$
$d_{a1}=$
$d_{f1}=$
$d_1=$

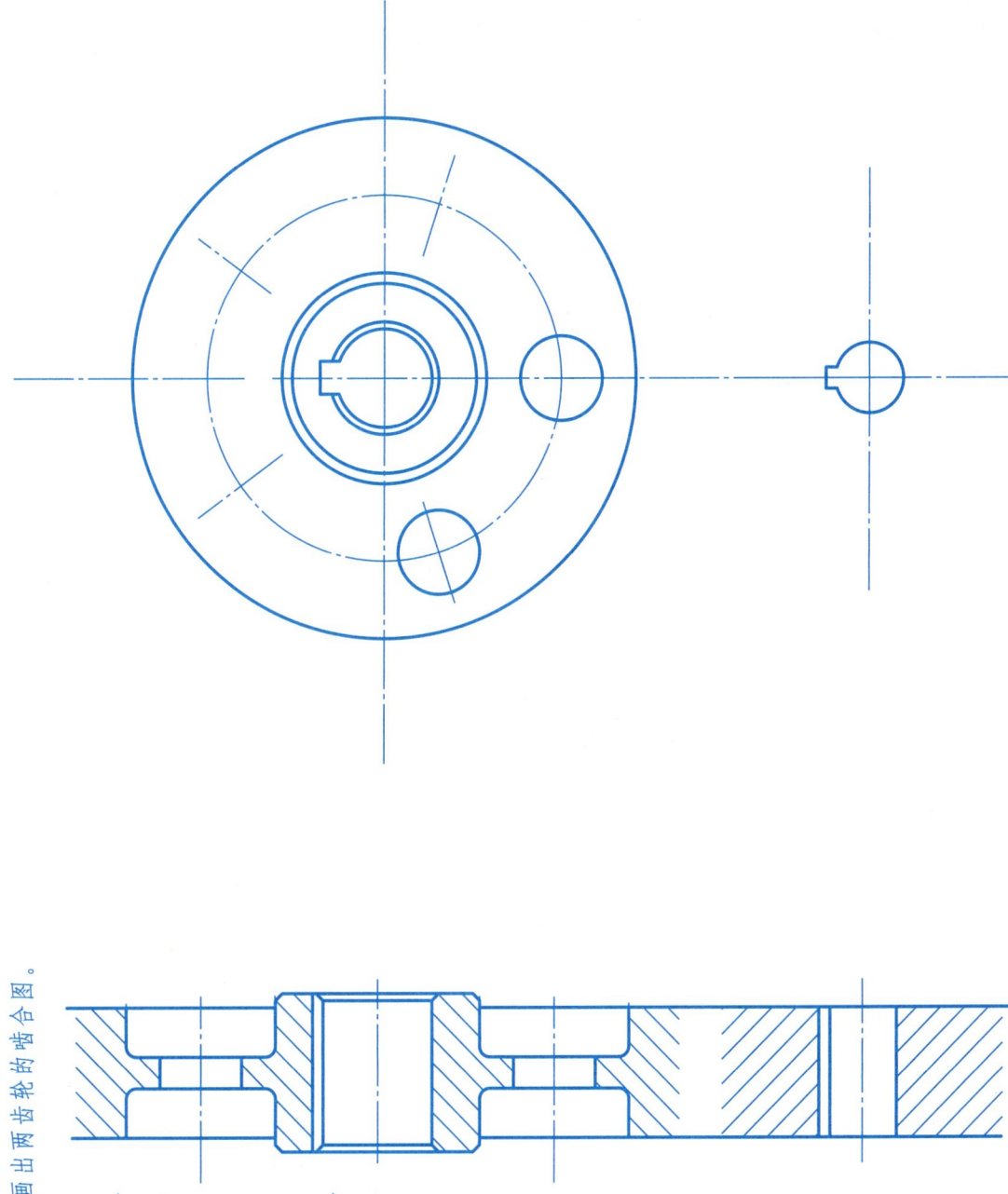

1. 填空。(51分)

(1) 工程上的零件其结构形状千差万别,常将结构形状、尺寸大小均符合国家标准的零件称为_____;结构形状、尺寸大小全由零件的用途确定的称为_____。

(2) 螺纹五要素是_____、_____、_____、_____、_____,其中_____、_____、_____又称为螺纹的三大基本要素。

(3) 螺纹有三种分类方法:按牙型不同,螺纹分为_____、_____、_____;按用途不同,螺纹分为_____、_____;按基本要素是否符合国家标准,螺纹分为_____、_____、_____。

(4) 螺纹是零件上的一种_____结构,标准螺纹在工程图样中的表达采用_____画法,其螺纹种类及规格按_____的标记格式进行标注。

(5) 内、外螺纹正确旋合的条件是_____。

(6) 内、外螺纹旋合后的画法是:旋合部分按_____绘制,没有旋合的部分按各自的规定画法绘制,由于旋合的内、外螺纹大小径相等,因此内、外螺纹旋合后,其大径、小径应分别画在_____直线位置上。

(7) 不通的螺纹孔,其钻孔深度应_____螺纹的深度,钻孔末端的锥顶角应画成_____。

(8) 在螺纹的标记中,内螺纹的公差带代号字母必须_____写,外螺纹的公差带代号字母必须_____写。

(9) 普通螺纹的特征代号是_____,梯形螺纹的特征代号是_____,锯齿形螺纹的特征代号是_____,55°非密封管螺纹特征代号是_____,55°密封圆锥外螺纹特征代号是_____,55°密封圆锥内螺纹特征代号是_____,55°密封圆柱内螺纹特征代号是_____。

(10) 普通螺纹的标记内容及格式是_____。

(11) 梯形螺纹和锯齿形螺纹的标记内容及格式是_____。

(12) 管螺纹的标记内容及格式是_____。

(13) 普通平键的标记内容及格式是_____。

(14) 销主要用于零件间的_____和_____。圆锥销的公称直径是指圆锥的_____端直径。

(15) 一对齿轮正确啮合的条件是_____。

(16) 齿轮轮齿部分的规定画法是:齿顶圆和齿顶线用_____线绘制,分度圆和分度线用_____线绘制,在视图中,齿根圆和齿根线用_____线绘制,也可省略不画。在剖视图中,齿根圆和齿根线用_____线绘制。

(17) 滚动轴承在工程图样中的表达有_____、_____、_____三种方式。

2. 选择画法正确的图形(在正确图形下方的字母上画"√")。(9分)

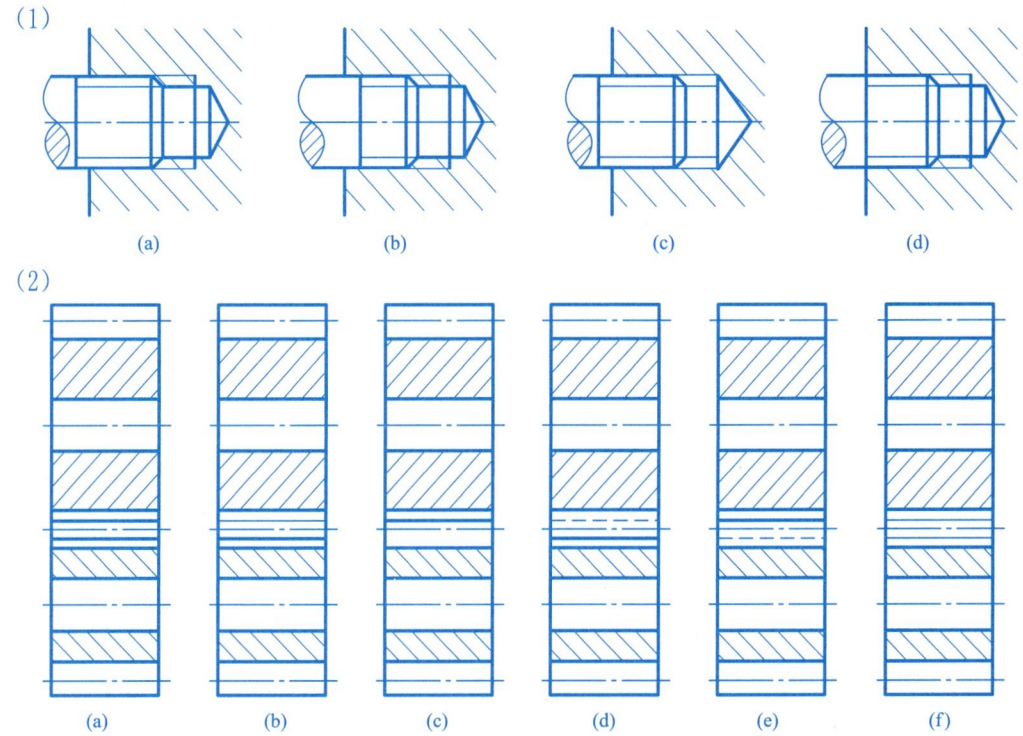

(1)

(a)　　　(b)　　　(c)　　　(d)

(2)

(a)　(b)　(c)　(d)　(e)　(f)

3. 分析螺纹紧固件连接画法中的错误,并在右侧画出正确的图形。(40分)

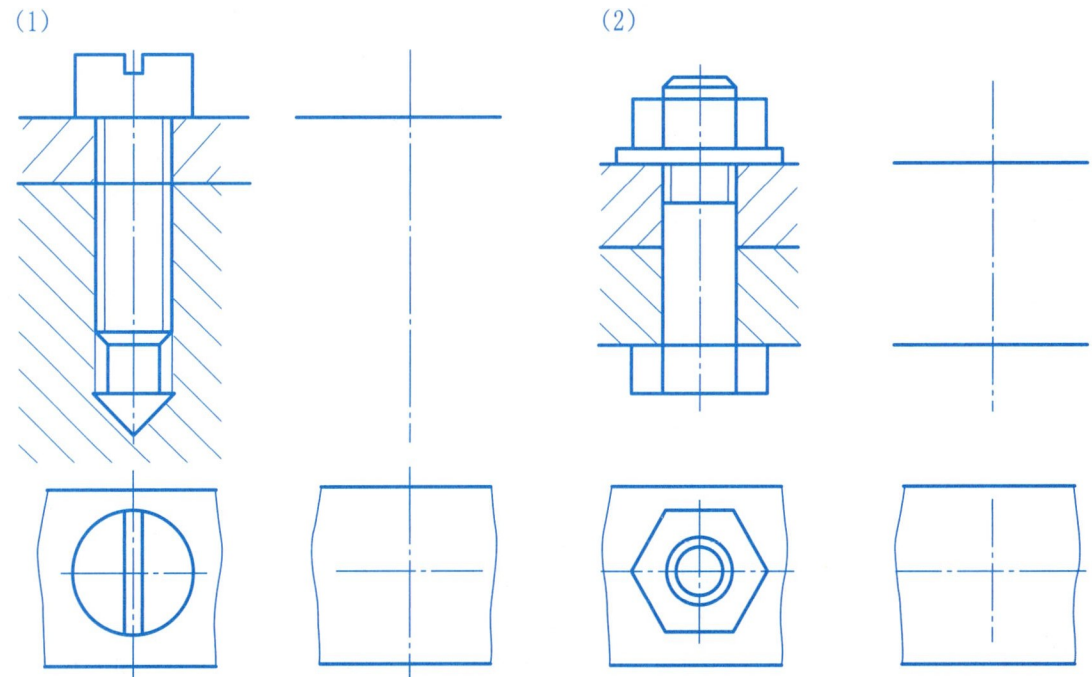

(1)　　　　　　　　　　(2)

8-1 用适当的比例及图幅,选择恰当的表达方法绘制拨叉草图或零件图	专业班级	学号	姓名	41

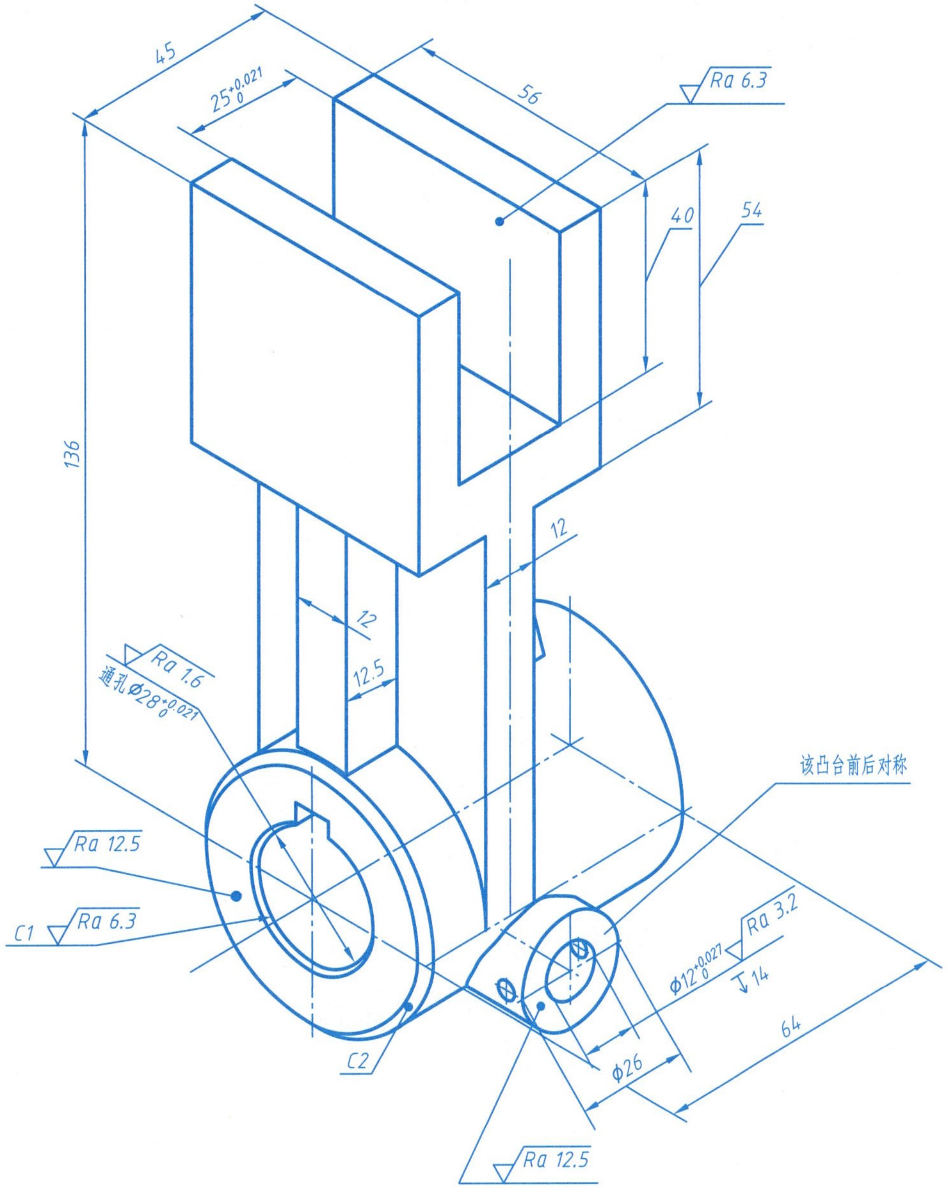

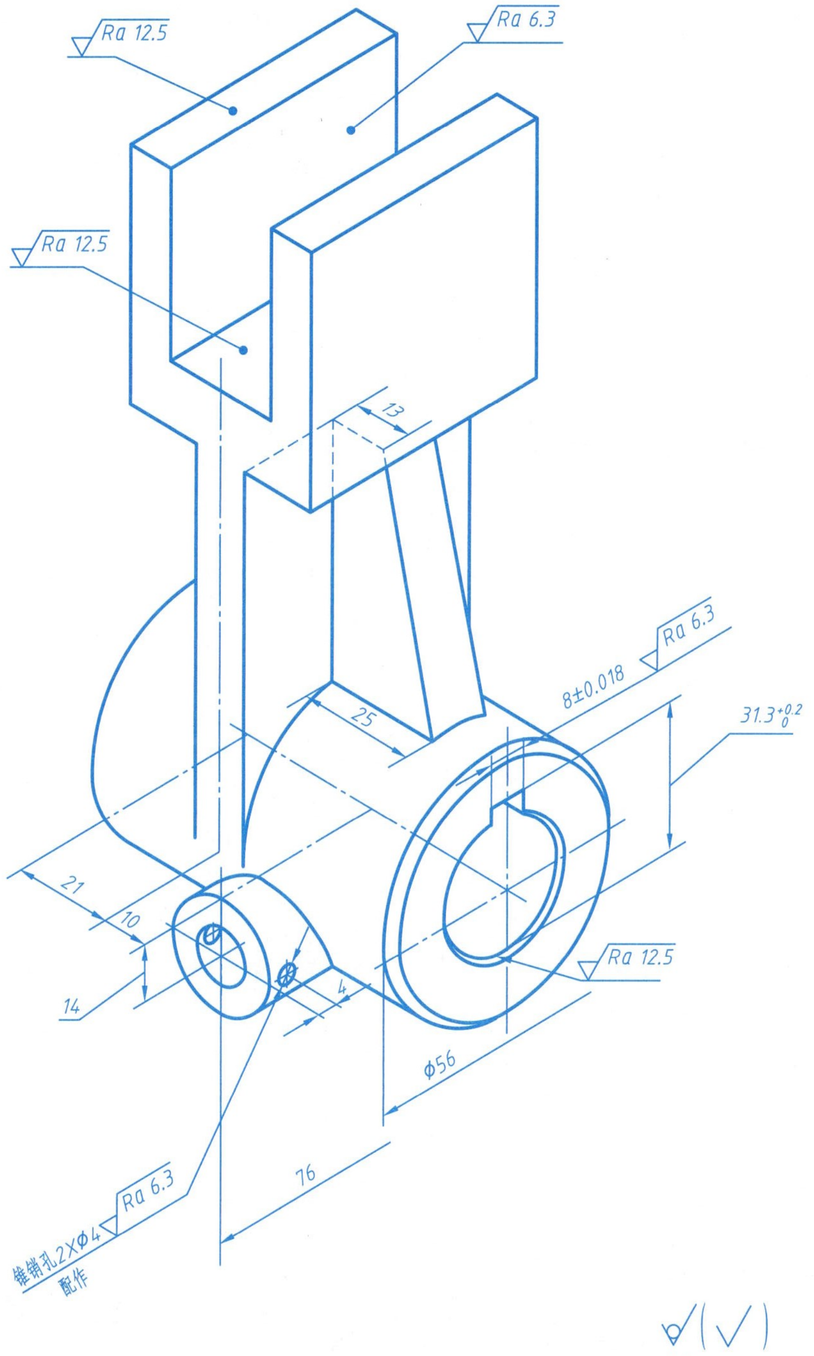

45
25+0.021
56
√ Ra 6.3
40
54
136
12
√ Ra 1.6
通孔∅28+0.021
12
12.5
√ Ra 12.5
C1 √ Ra 6.3
C2
该凸台前后对称
∅12-0.027 √ Ra 3.2
↓14
∅26
64
√ Ra 12.5

技术要求
1.无铸造缺陷.
2.未注铸造圆角为R3。

√ Ra 12.5
√ Ra 6.3
√ Ra 12.5
13
25
8±0.018 √ Ra 6.3
31.3+0.2
21
10
14
4
∅56
√ Ra 12.5
锥销孔2×∅4 √ Ra 6.3
配作
76

b√(√)
材料:HT150。

三维模型

典型题解

1. 指出图中表面粗糙度标注的错误（用"×"标示），并在下图中重新标注。

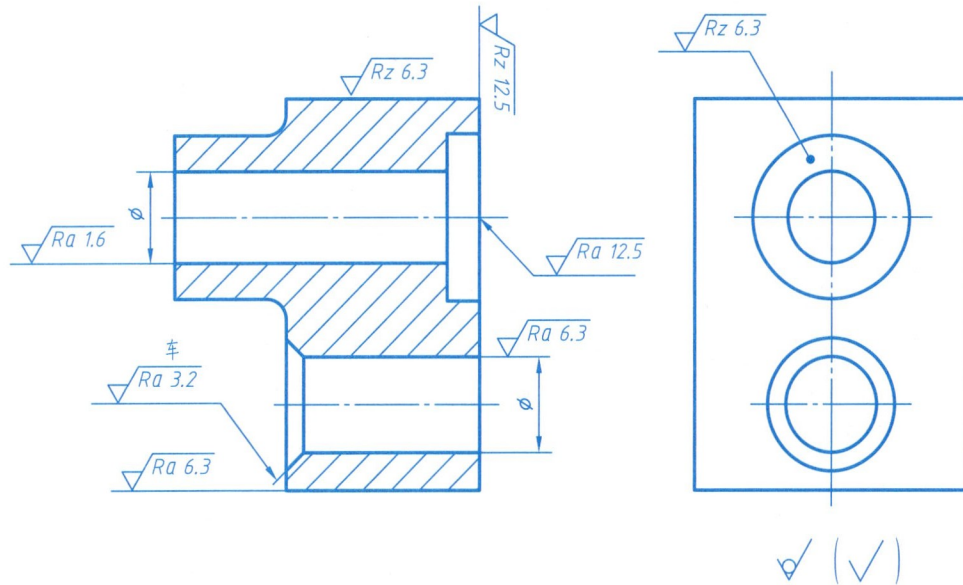

2. 根据零件图中标注的相应尺寸和公差带代号，在装配图中分别标注出配合代号。

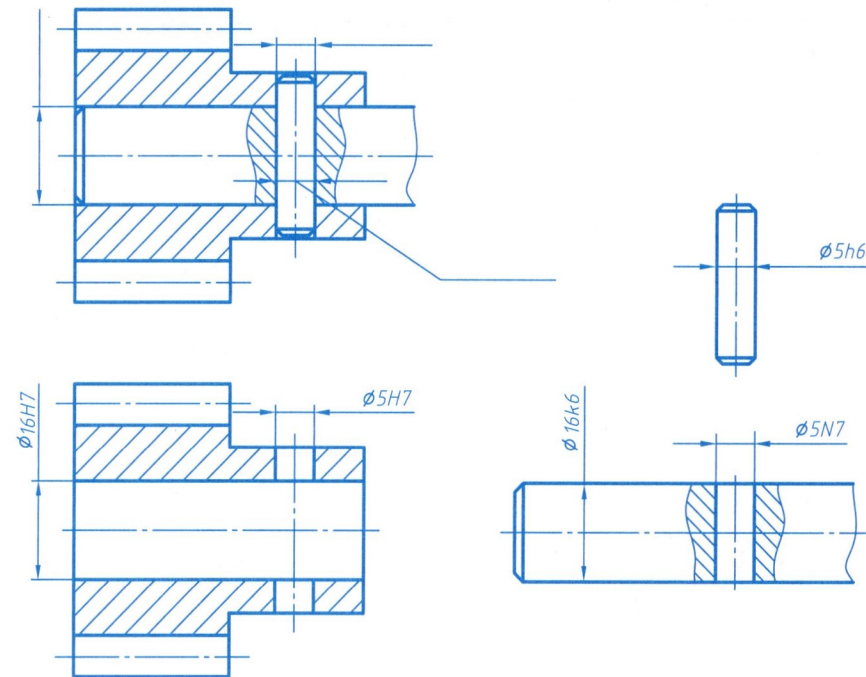

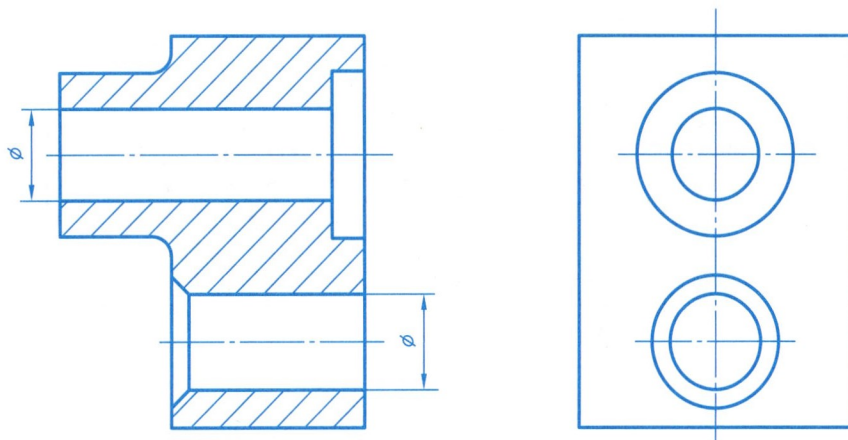

3. 标注轴的下列几何公差：①φ30h7 的圆柱度公差为 0.02 mm；②φ30h7 轴线对 φ15H6 轴线的同轴度公差为 0.03 mm；③φ40h7 圆柱面对 φ15H6 与 φ20f6 的公共轴线的圆跳动公差为 0.04 mm；④φ40h7 两端面对 φ15H6 与 φ20f6 的公共轴线的圆跳动公差为 0.04 mm。

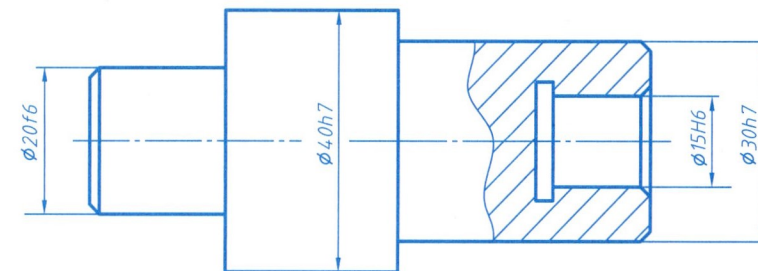

1. 轴套类零件。

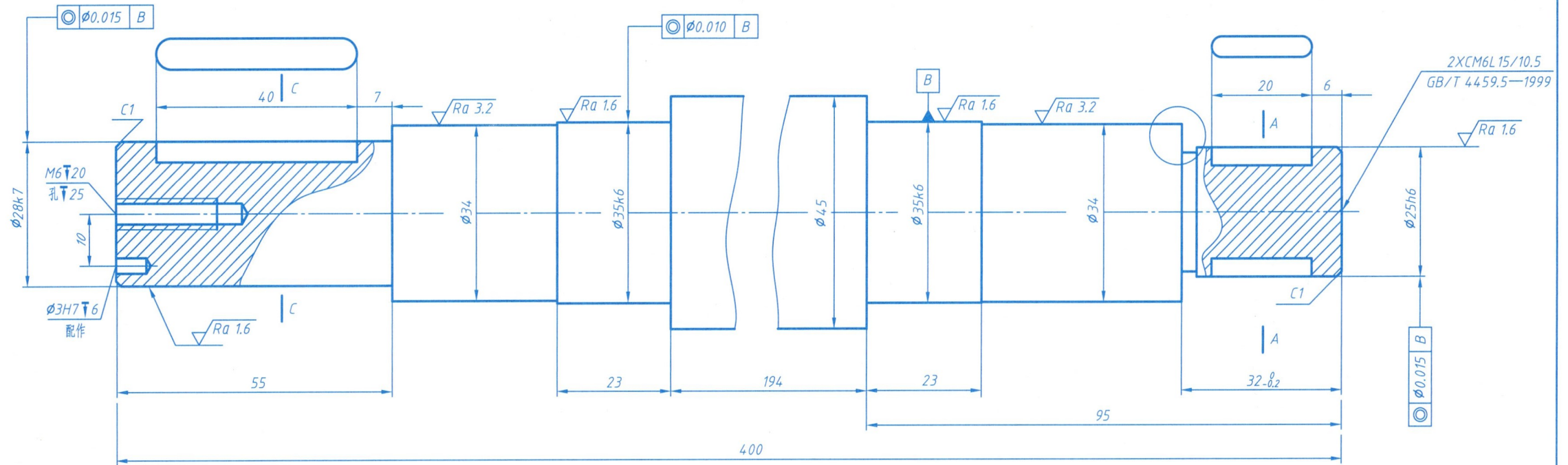

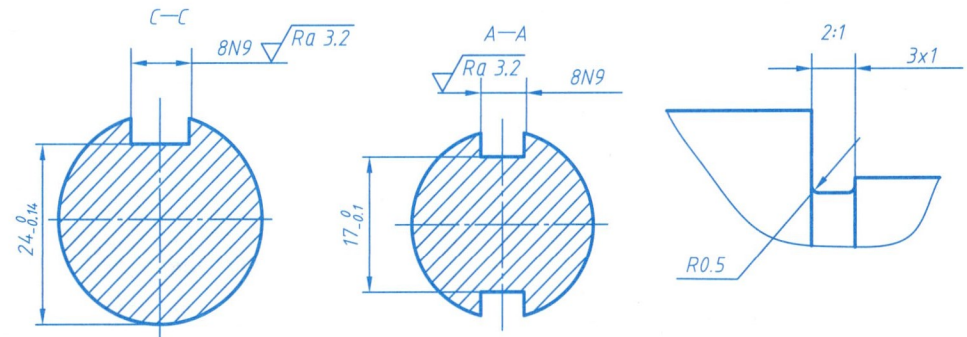

(1) 该零件采用的材料是_____,主视图采用了_____处_____剖视,并采用了_____简化画法。

(2) 零件上 φ25h6 轴段的上极限尺寸为_____,下极限尺寸为_____,其表面粗糙度 Ra 的最大允许值为_____。

(3) $24_{-0.14}^{0}$ 的上极限偏差为_____,下极限偏差为_____,上极限尺寸为_____,下极限尺寸为_____,公差为_____。

(4) ⌾ φ0.015 B 的含义为_____。

$\sqrt{Ra\ 6.3}\ \left(\sqrt{\ }\right)$

技术要求

1. 调质 220~250 HBW.
2. 未注倒角为C0.5.

		轴		比例	1:1	材料	45
				数量	1	图号	
制图						(校名)	

典型题解

2. 盘盖类零件。

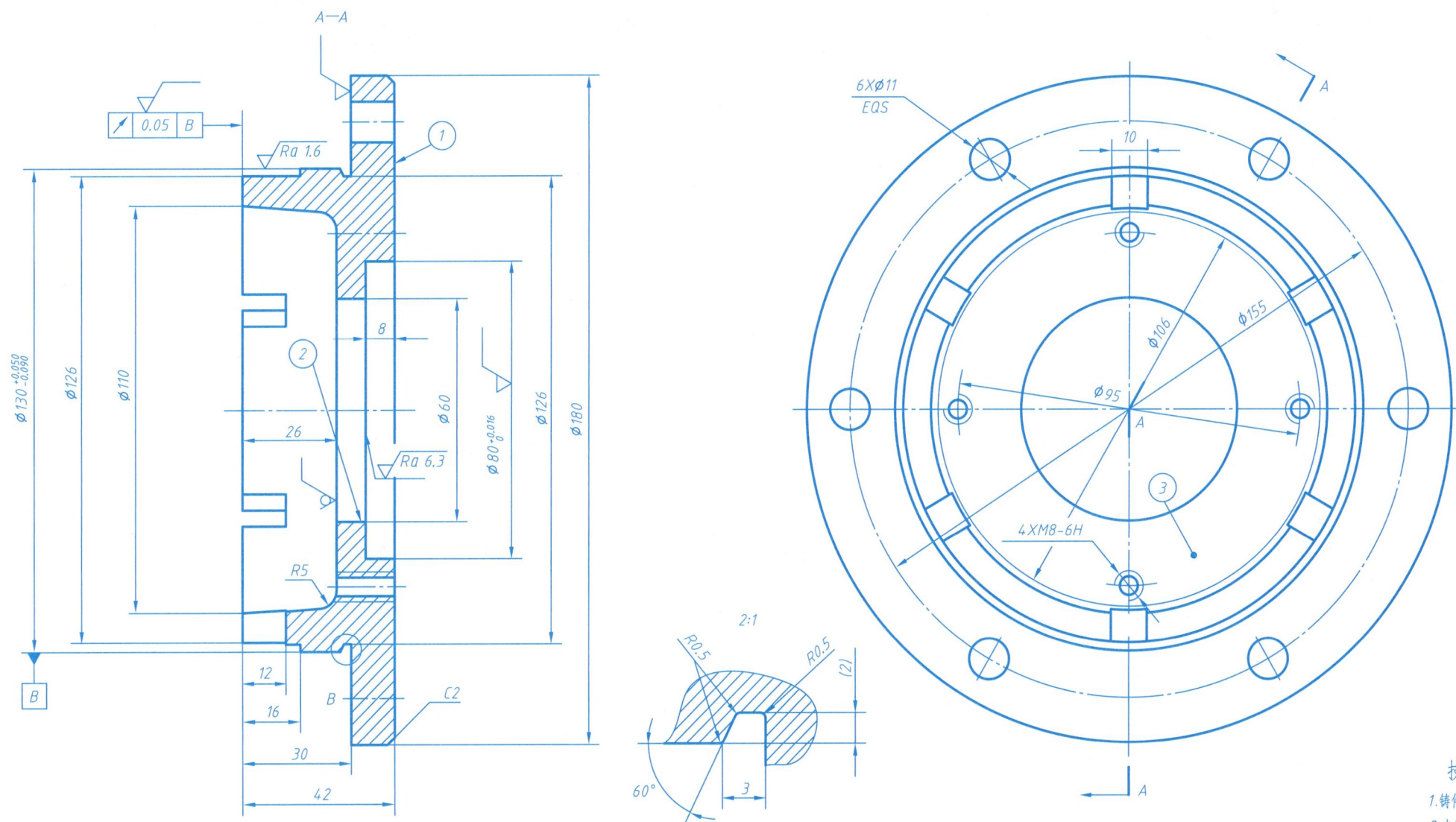

A—A

$\sqrt{Ra\ 1.6}$

$\boxed{\nearrow\ \boxed{0.05}\ \boxed{B}}$

$\phi 130^{-0.050}_{-0.090}$　$\phi 126$　$\phi 110$

8　26

$\phi 60$　$\phi 80^{+0.016}_{0}$　$\phi 126$　$\phi 180$

$\sqrt{Ra\ 6.3}$

R5

12　16　30　42

B　C2

① ② ③

2:1

R0.5　R0.5　(2)

60°　3

6×φ11
EQS

10

$\phi 155$　$\phi 106$　$\phi 95$

A

4XM8-6H

A

技术要求
1.铸件无铸造缺陷。
2.未注倒角为C1。

$\sqrt{}\quad = \sqrt{Ra\ 3.2}$

$\sqrt{Ra\ 12.5}\ (\ \sqrt{}\ )$

(1) $\phi 130^{+0.050}_{-0.090}$ 的上极限尺寸为_____，下极限尺寸为_____，公差值为_____。

(2) 图中标有①、②表面的表面粗糙度 Ra 值分别为①_____、②_____。标有③表面的表面粗糙度符号为_____。

(3) $\boxed{\nearrow\ \boxed{0.05}\ \boxed{B}}$ 的含义为_____。

(4) 用引线指出长、宽、高三个方向的主要尺寸基准。

(5) 图中标有 6×ϕ11 所指的孔的定形尺寸为_____，定位尺寸为_____。

压盖	比例	1:1.5	材料	HT200
	数量	1	图号	
制图			(校名)	
审核				

3. 叉架类零件。

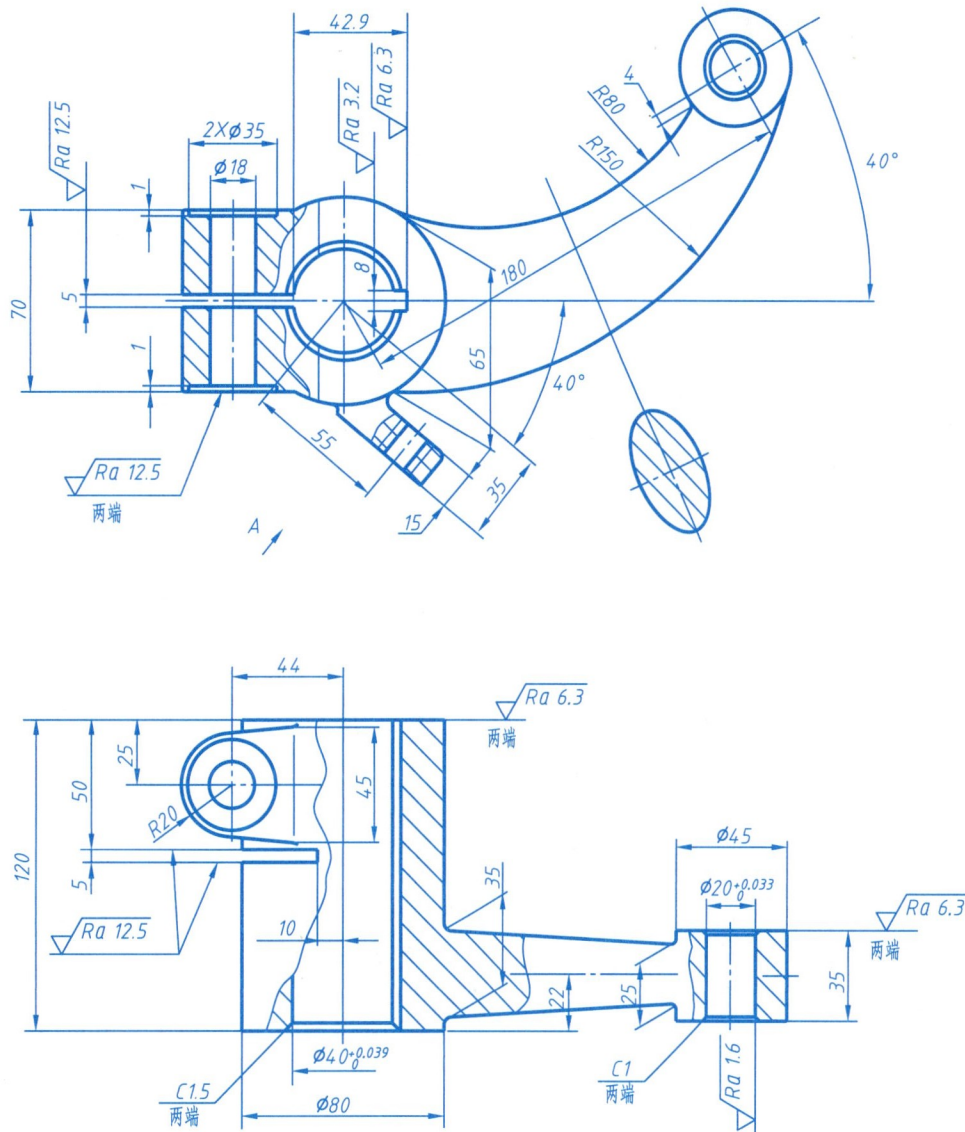

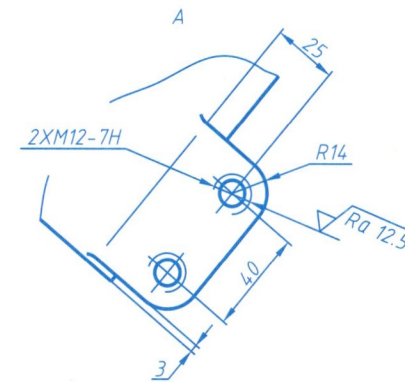

技术要求
未注圆角为R2~R4。

零件名：弯臂　　比例 1:2　材料 HT200　数量 1　图号

(1) $\phi40^{+0.039}_{0}$ 的上极限尺寸为_____，下极限尺寸为_____，公差值为_____。

(2) 2×M12-7H 的含义是_____。

(3) 在图中用文字和引线指出长、宽、高三个方向的主要尺寸基准。

(4) 试叙述弯臂零件图采用了哪些表达方法。

典型题解　制图　审核　（校名）

4. 箱体类零件。

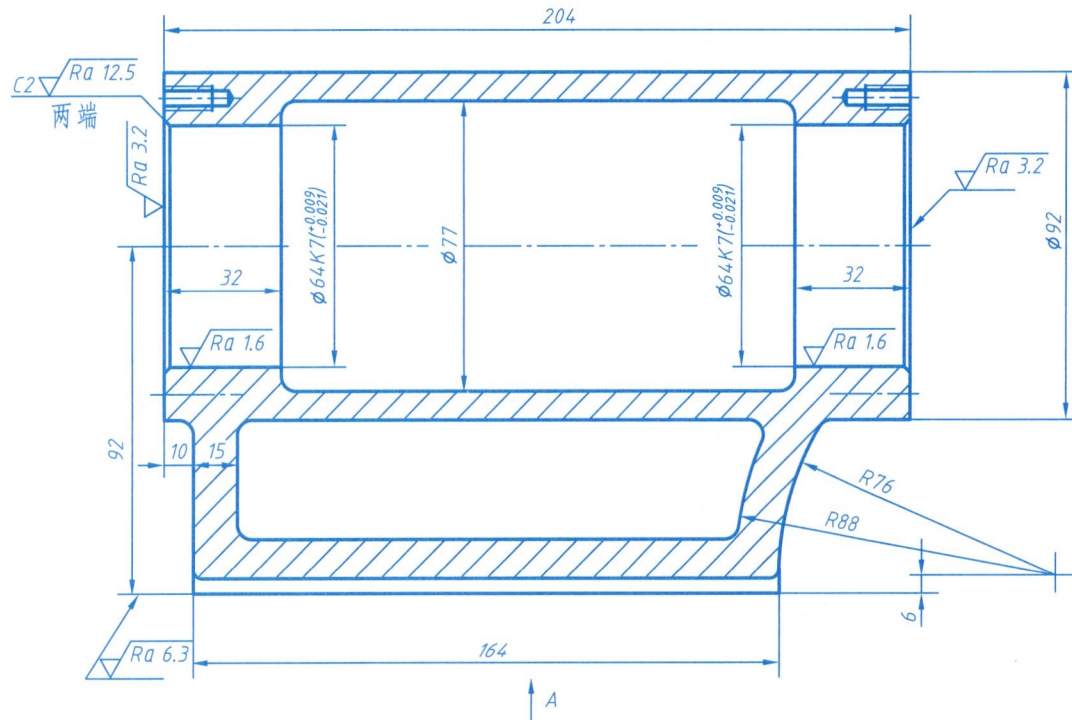

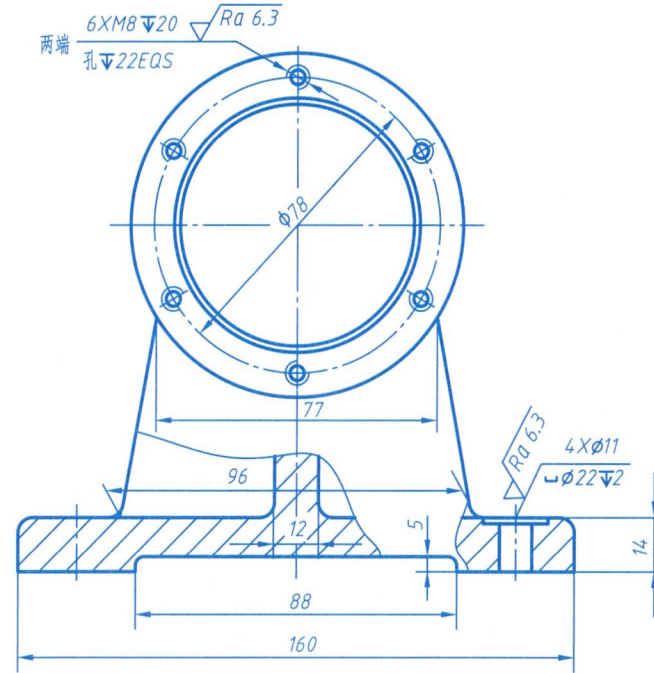

技术要求

1. 铸造件无铸造缺陷,未注圆角为R3-R5。
2. 主轴轴线与底面的平行度公差为0.02 mm。
3. 两处 ∅64K7孔的同轴度公差为0.05 mm。
4. 两端面与∅64K7孔轴线垂直度公差为0.02 mm。

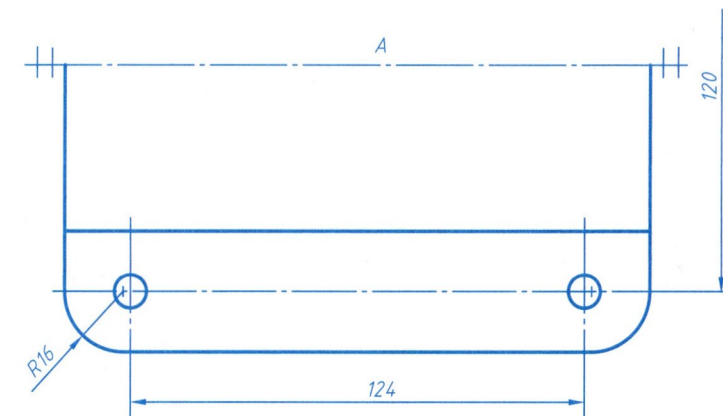

(1) 图中标有公差要求的尺寸有_____个,∅64K7 的上极限尺寸为_____,下极限尺寸为_____,尺寸公差为_____。

(2) $\dfrac{6\times M8\overline{\vee}20}{孔\overline{\vee}22EQS}$ 的含义是_____。

(3) 对于零件的加工表面,其最光滑表面的 Ra 值为_____,最粗糙表面的 Ra 值为_____。

(4) 用引线指出长、宽、高三个方向的尺寸基准。

(5) 图中内螺纹 M8 的定位尺寸为_____;4×∅11 的定位尺寸为_____。

(6) 座体的总长度为_____,总宽度为_____,总高度为_____。

(7) 将技术要求中的几何公差要求按国家标准规定标注在图样中。

$\sqrt{}(\sqrt{})$

座体		比例	1:2	材料	HT200
		数量	1	图号	
制图					
审核			(校名)		

1. 填空。(共46分，每空2分)

(1) 一张完整的零件图包括的内容有＿＿＿＿、＿＿＿＿、＿＿＿＿和＿＿＿＿。

(2) 零件图的技术要求应包括＿＿＿＿、几何公差、＿＿＿＿以及文字表达的技术要求。

(3) 选择零件的主视图，主要考虑两个问题：零件的放置位置应尽可能符合＿＿＿＿或＿＿＿＿；主视图的投射方向应尽可能多地反映＿＿＿＿。

(4) 将零件按形状特征分类，一般可分为4类：轴套类、＿＿＿＿、叉架类和＿＿＿＿。

(5) 常用的表面粗糙度 Ra 值依次是 25 μm、12.5 μm、＿＿＿＿、＿＿＿＿、1.6 μm、＿＿＿＿。

(6) 在尺寸 φ80H7 中，φ80 表示＿＿＿＿，H7 表示＿＿＿＿，其中 H 表示＿＿＿＿，7 表示＿＿＿＿。

(7) 国家标准规定公称尺寸相同的孔和轴的配合分三类：＿＿＿＿，＿＿＿＿和＿＿＿＿。

(8) 国家标准对配合的制度规定了两种：＿＿＿＿和＿＿＿＿。

2. 分析零件图中标注上的错误，在错误的地方打"×"，在右侧作出正确的标注；并用几何公差标注 φ32 轴线对端面 A 的垂直度公差为 0.02 mm。(共23分，每错3分，几何公差标注5分)

3. 读阀体零件图，回答下列问题。(共31分，基准6分，每空1.5分，断面图7分)

(1) 用指引线标注出长宽高三个方向的主要尺寸基准。

(2) M42×3-6H 中，M 表示＿＿＿；42 表示＿＿＿；3 表示＿＿＿；螺纹的旋向为＿＿＿；6H 表示＿＿＿＿。

(3) 4×M8-6H 螺孔的定位尺寸有＿＿＿、＿＿＿、＿＿＿、＿＿＿。

(4) $50^{-0.030}_{-0.060}$ 的上极限尺寸是＿＿＿＿，下极限尺寸是＿＿＿＿。

(5) 面 D 的表面粗糙度是＿＿＿＿。

(6) 在指定位置画出 C—C 断面图。

阀体	比例	数量	材料	图号
	1:2	1	HT200	30

技术要求
1.铸件不得有铸造缺陷。
2.未注圆角为R3。

9-1 根据零件图画装配图	专业班级	学号	姓名	48

1. 拼画旋塞装配图。

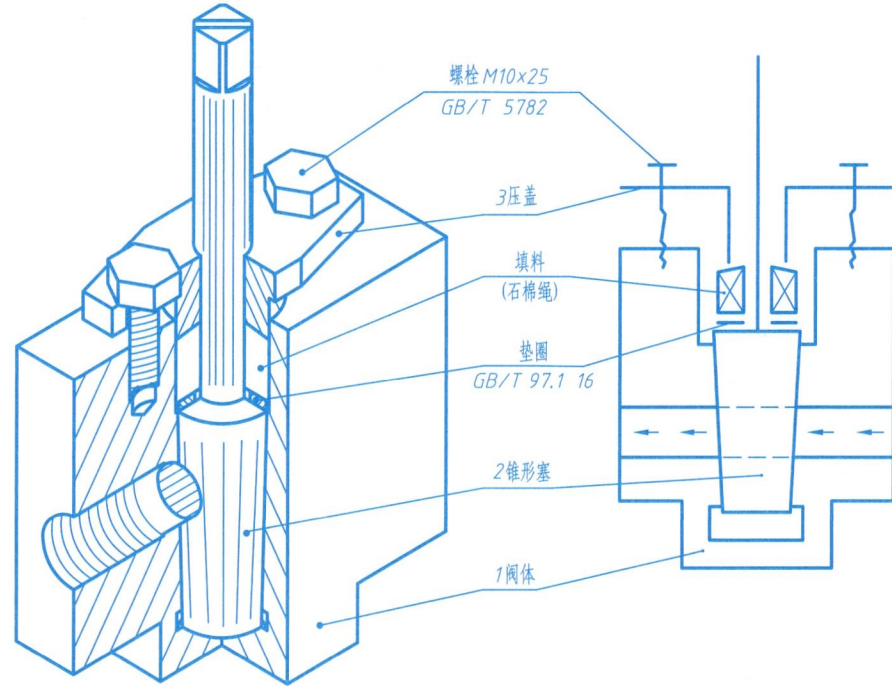

螺栓 M10x25
GB/T 5782

3 压盖

填料
(石棉绳)

垫圈
GB/T 97.1 16

2 锥形塞

1 阀体

作 业 要 求

参考旋塞的立体图和装配示意图,看懂给出的零件图,画出旋塞的装配图。

旋 塞 说 明

左图是旋塞的立体图,它以螺纹连接于管道上,作为开关设备,其特点是开、关迅速。左图表明开的位置,开的位置在锥形塞顶部开有长槽作为标记。当旋塞旋转 90° 以后,长槽和管道垂直,表明已关闭。为了防止泄漏,在锥形塞与阀体间充填填料(石棉绳),并用压盖压紧(填料压紧后的高度约为 12 mm),压紧后要求达到密封可靠且锥形塞转动灵活。

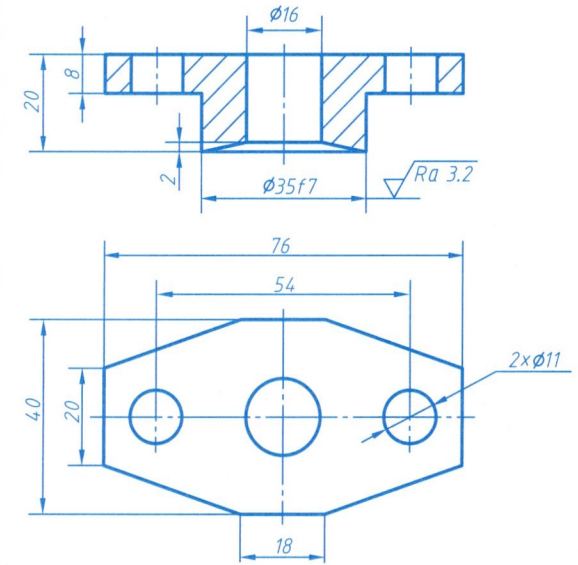

装配视频　　工作原理　　拼画视频

√Ra 3.2

Ø16
8
20
2
Ø35f7

76
54
40
20
2×Ø11
18

√Ra 12.5 (√)

压盖	比例	数量	材料	序号
		1	HT 200	03

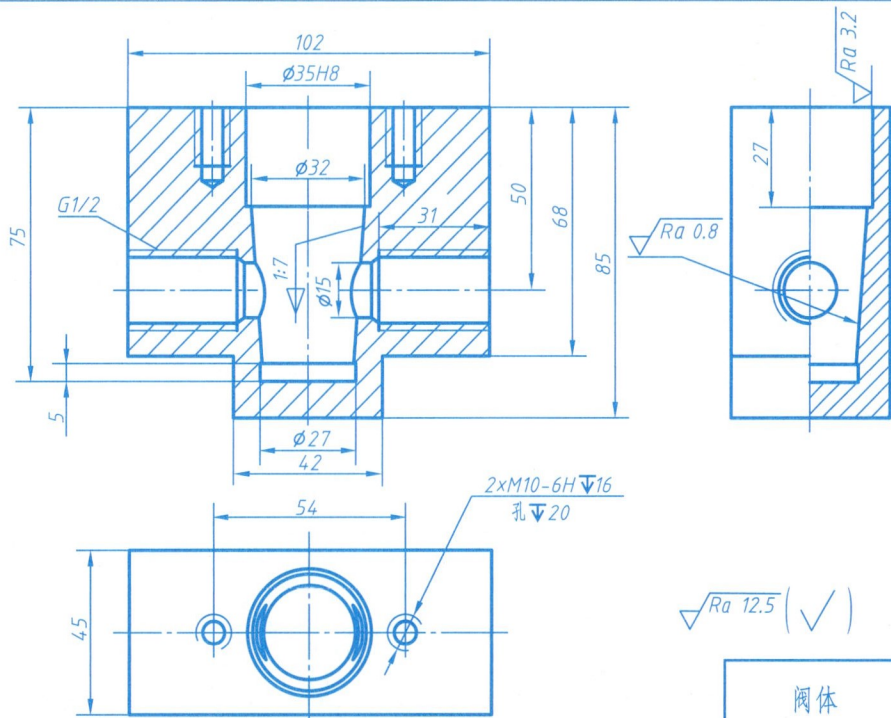

√Ra 3.2

102
Ø35H8
Ø32
G1/2
31
1:7
Ø15
75
50
68
85
5
Ø27
42

27
√Ra 0.8

54
45
2×M10-6H▽16
孔▽20

√Ra 12.5 (√)

阀体	比例	数量	材料	序号
		1	HT 200	01

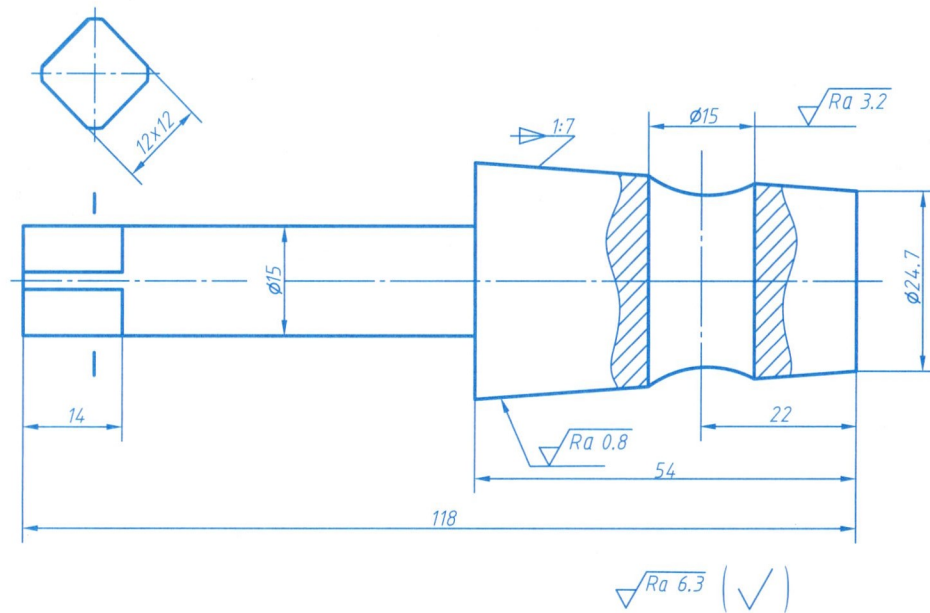

12×12

1:7
Ø15
√Ra 3.2
Ø15
14
√Ra 0.8
22
54
118
Ø24.7

√Ra 6.3 (√)

锥形塞	比例	数量	材料	序号
		1	45	02

2. 拼画压阀装配图。

压阀工作原理

　　用力向下转动手柄11,阀瓣5下移压缩弹簧4,从而使管路接通。

　　去除外力,阀瓣在弹簧的作用下复位,从而使管路截止。

装配视频　工作原理　拼画视频

11 手柄
10 轴
开口销4x20
9 盖螺母
8 填料压盖
7 填料
6 托架
5 阀瓣
4 弹簧
3 阀体
2 垫片
1 法兰盘
螺钉M8x20

$\sqrt{Ra\ 6.3}$　M30x2-6g　$\sqrt{Ra\ 12.5}$　B—B

Ø20H9

28　　24
4　42
$\sqrt{Ra\ 12.5}$
C2 $\sqrt{Ra\ 25}$
30
$\sqrt{Ra\ 12.5}$
Ø27　Ø22
Ø10H9 $\sqrt{Ra\ 6.3}$
C3
C6 $\sqrt{Ra\ 12.5}$
44
126
160
102
G3/4
Ø22
6xØ4.3 $\sqrt{Ra\ 25}$
79
10
14
34
50f9
80
M42x3-6H
$\sqrt{Ra\ 12.5}$
Ø54
Ø36
65

技术要求
未注圆角为R2。

$\sqrt{Ra\ 25}(\sqrt{\ })$

填料压盖

比例	数量	材料	序号
1:1	1	Q235	8

Ø25　Ø12　Ø20f9
5　C2
20

技术要求
未注圆角为R2。

$\sqrt{Ra\ 25}(\sqrt{\ })$

C1 $\sqrt{Ra\ 6.3}$　2xØ4
Ø12h9
45　5
55

轴

比例	数量	材料	序号
1:1	1	Q235	10

$\sqrt{Ra\ 12.5}$
42
A—A

4xM8-6H $\sqrt{Ra\ 12.5}$
两端
24
10　20
10
92
B
A
B

$\sqrt{}(\sqrt{\ })$

技术要求
未注圆角为R3~R5。

阀体

比例	数量	材料	序号
1:2	1	HT200	3

技术要求
未注圆角为R2.

托架	比例	数量	材料	序号
	1:2	1	Q235	6

技术要求
1. 展开长度L=661.
2. 旋向:右旋.
3. 总圈数n₁=9.5.
4. 工作圈数n=7.
5. 硬度45HRC.

弹簧	比例	数量	材料	序号
	1:1	1	Q235	4

阀瓣	比例	数量	材料	序号
	1:1	1	40	5

盖螺母	比例	数量	材料	序号
	1:2	1	15	9

垫片	比例	数量	材料	序号
	1:1	1	Q235	2

手柄	比例	数量	材料	序号
	1:1	1	Q235	11

法兰盘	比例	数量	材料	序号
	1:2	1	HT200	1

1. 夹线体

(1) 工作原理

将线穿入衬套 3 中,然后旋转手动压套 1,通过螺纹 M36×2 使手动压套向右移动,依靠锥面接触使衬套 3 向中心收缩(衬套上开有槽),从而夹紧线,当衬套夹住线后,还可以与手动压套 1、夹套 2 一起在盘座 4 的 φ42 孔中旋转。

(2) 作业要求

① 在本页下方画出 A—A 断面图(尺寸直接从装配图中量取);

② 按 2∶1 拆画夹套 2 的零件图。

2. 钻模(工作原理说明及作业要求见 52 页)

3. 柱塞泵

(1) 工作原理

柱塞泵是输出压力液体的部件。当柱塞 7 左移时,油腔容积增大而形成负压,液体在大气压的作用下推开下阀瓣 13 进入油腔。当柱塞 7 右移时,油腔容积减小,压力增大,压力油使下阀瓣 13 紧闭,同时推开上阀瓣 12 流出。柱塞 7 往复运动,柱塞泵就不断输出压力油。

(2) 作业要求

① 上、下阀瓣的结构有何区别?为什么?

② 拆画泵体 5 的零件图。

1. 夹线体

A—A

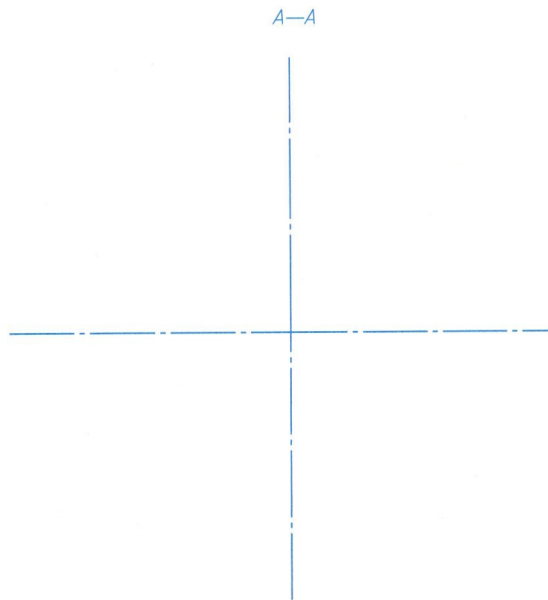

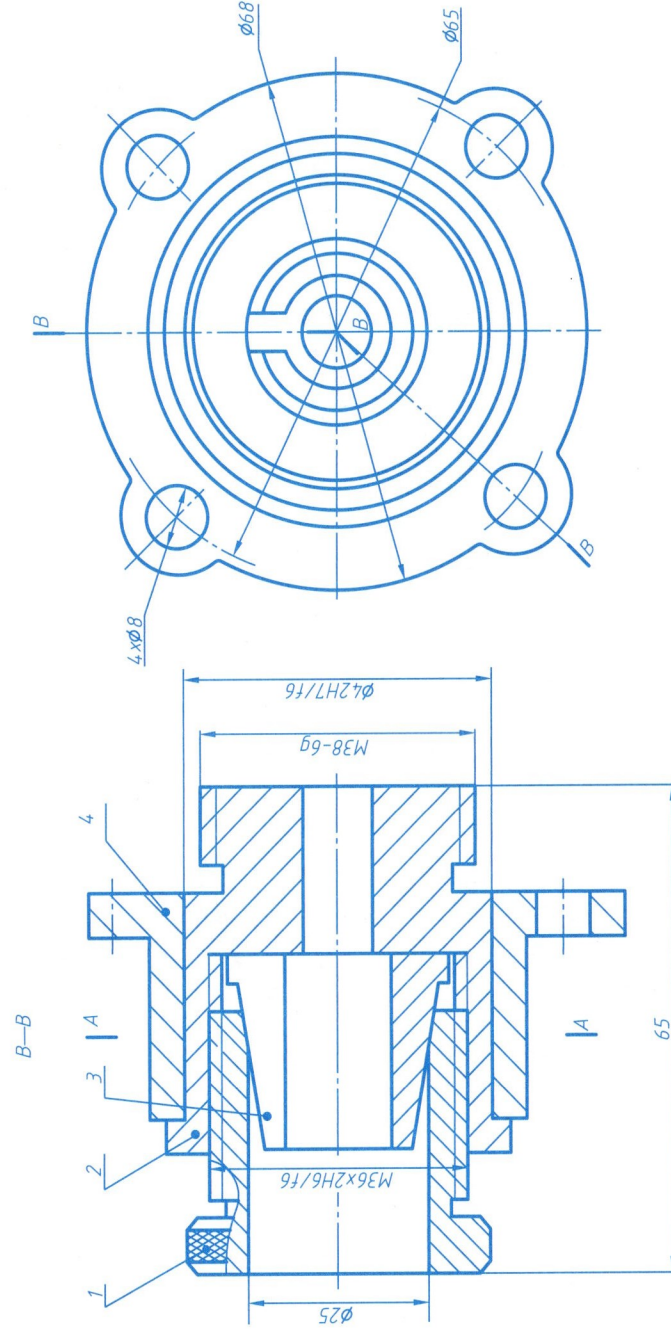

4				盘座	1	45		
3				衬套	1	Q235		
2				夹套	1	Q235		
1				手动压套	1	Q235		
序号				名称	数量	材料		备注
				夹线体		比例	1:1	共 张 第 张
制图						件数		共 张
描图								
审核								

装配视频

φ68　φ65

B　B　B　B

4×φ8

B—B

φ4.2H7/f6

M38-6g

M36×2H6/f6

φ25

65

4

3　A

2

1　A

技术要求

将线穿入衬套 3 冲,旋转手动压套 1 自如、手动压套 1、夹套 2 一起在盘座 4 的 φ4.2 孔中旋转自如。

2. 钻模

（1）工作原理

钻模为钻孔模具。工件（主、左视图中细双点画线所示）装入底座 1 上部，然后装入钻模板 2、开口垫圈 5，通过特制螺母 6 来压紧，从而固定工件。在钻模板 2 的右侧有圆柱销 8 用来定位。

钻头通过钻套 3 在工件上钻孔。该钻模可以完成工件上三个工位孔的加工工序。

（2）看图填空

① 装配体的名称为_____，装配体中有_____种标准件。主视图为_____剖视图，左视图为_____剖视图，俯视图为_____视图。

② 件 2 与件 3 是_____配合，件 4 与件 7 是_____配合。

③ 为取下工件，先松开件_____，再取下件_____与件_____即可。

④ 工件装夹一次能钻_____个孔。装配图中的细双点画线表示_____画法。

⑤ 拆画件 1 底座的零件图。

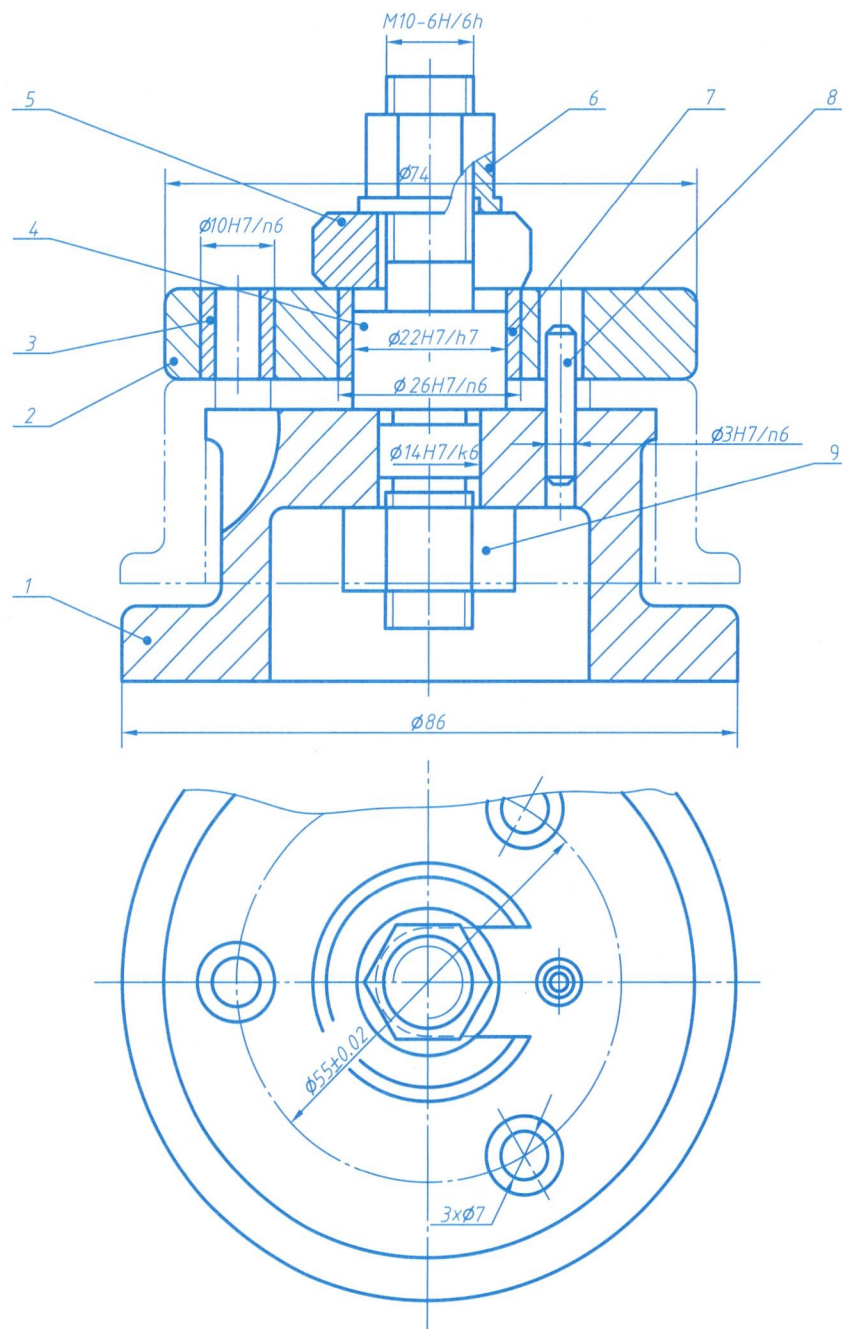

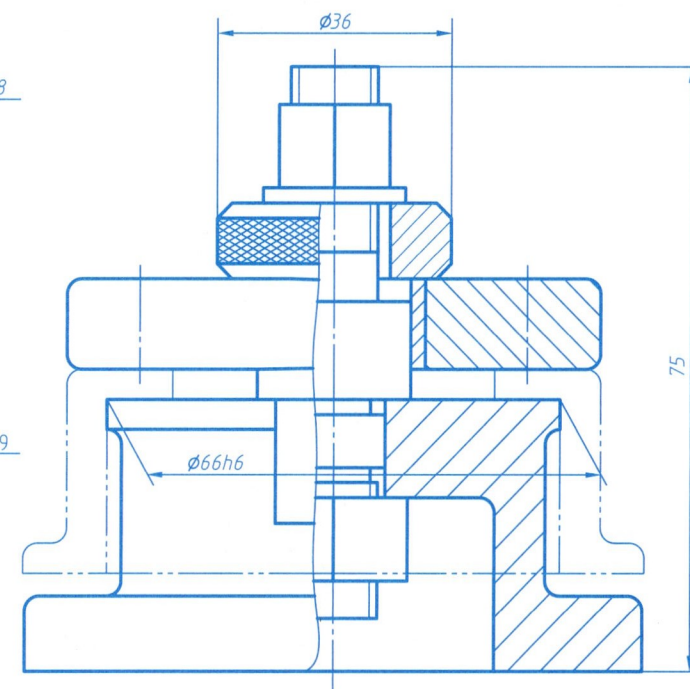

M10-6H/6h
Ø74
Ø10H7/n6
Ø22H7/h7
Ø26H7/n6
Ø14H7/k6
Ø3H7/n6
Ø86
Ø55±0.02
3×Ø7

Ø36
75
Ø66h6

装配视频

9	螺母M10	2	35	GB/T 41
8	销3n6×28	1	40	GB/T 119.1
7	衬套	1	45	
6	特制螺母	1	35	
5	开口垫圈	1	40	
4	轴	1	40	
3	钻套	3	T8	
2	钻模板	1	40	
1	底座	1	HT150	
序号	名称	数量	材料	备注

钻模	共 张	第 张	比例
	件数	1	图号
制图			
审核			

3. 柱塞泵

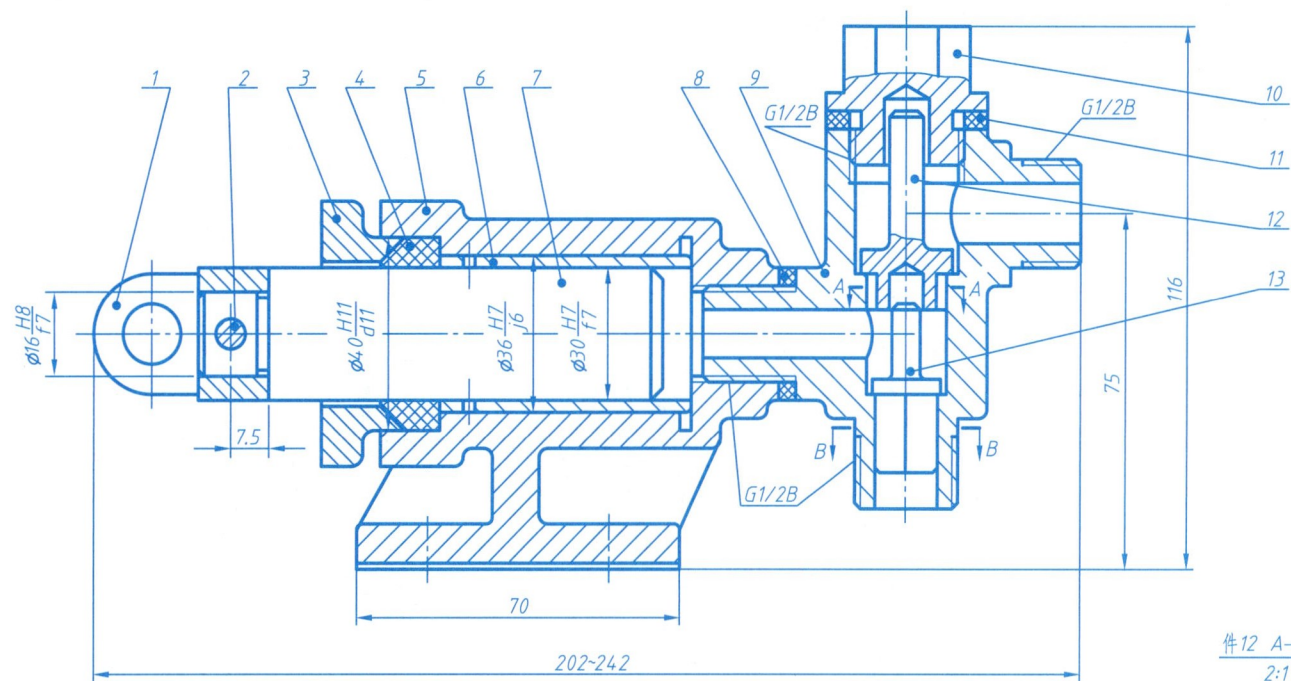

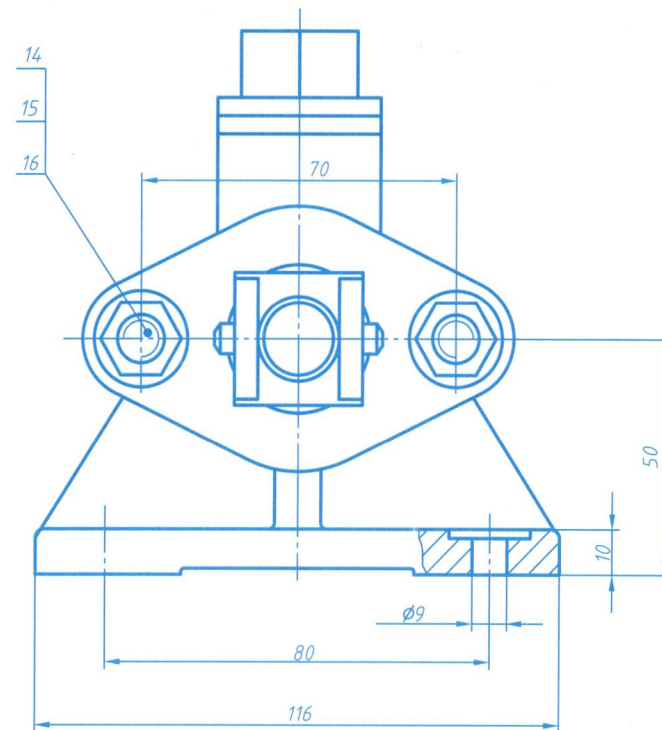

件12 A—A
2:1

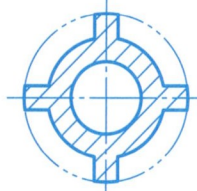

件13 B—B
2:1

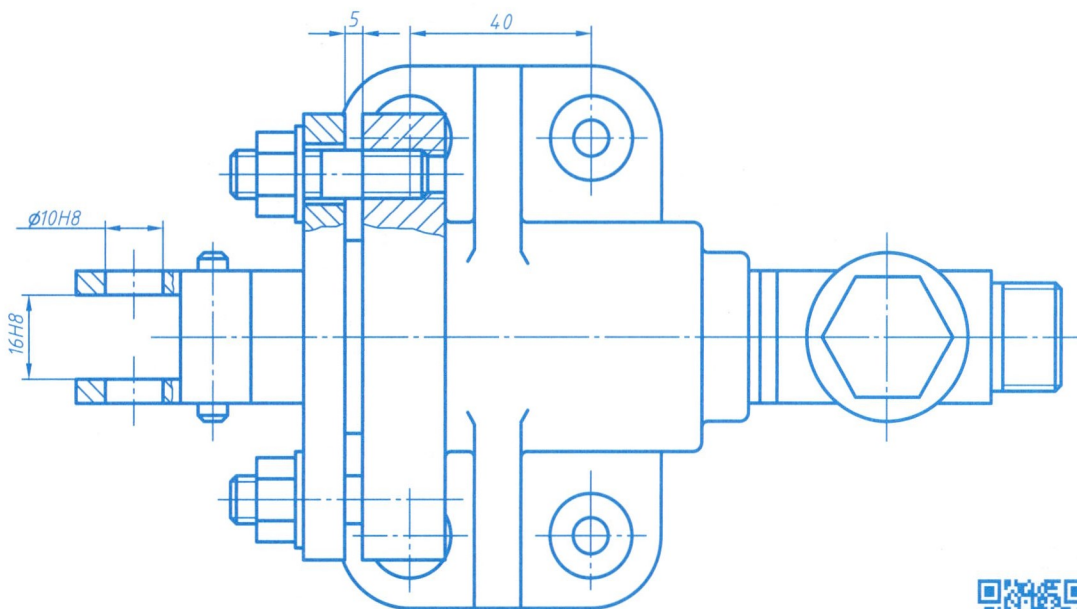

11	垫片	1	纸珀	
10	螺塞	1	Q235A	
9	管接头	1	HT200	
8	垫片	1	纸珀	
7	柱塞	1	45	
6	衬套	1	ZCuZn38Mn2Pb2	
5	泵体	1	HT200	
4	填料		油麻绳	
3	压盖	1	HT150	
2	销A5×30	1	35	GB/T 117
1	连套	1	45	
序号	名称	数量	材料	备注

16	垫圈10-140 HV	2		GB/T 97.1		柱塞泵		比例	1:1		
15	螺母M10	2		GB/T 6170				数量			
14	螺柱M10×30	2		GB/T 89	制图			质量		共 张	第 张
13	下阀瓣	1	ZCuZn38Mn2Pb2		描图						
12	上阀瓣	1	ZCuZn38Mn2Pb2		审核						

装配视频

1. 填空。（共42分，每空2分）

(1) 一张完整的装配图包括的内容有_____、_____、_____、_____。

(2) 在装配图中，零件的接触面或配合面只画_____、相邻两零件的剖面线要有区别，应画成_____或间距_____。当剖切平面通过标准件和实心零件的轴线剖切时，在剖视图中标准件、实心零件按_____绘制。

(3) 装配图的特殊表达方法有_____、_____、_____、_____和_____。

(4) 装配图只需标注必要的尺寸，它们是_____、_____、_____、_____和_____。

(5) 装配图的技术要求有_____、_____和_____。

2. 分析右侧装配图中的画法，指出画法中的错误，并说明错误的原因。（共58分）

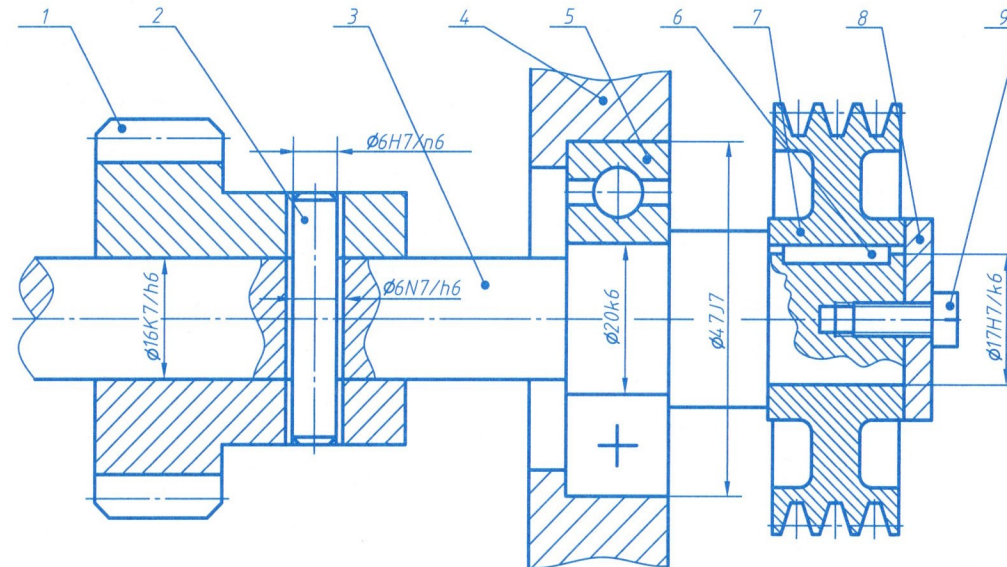

轴系结构装配图

4	机架	1	HT 250	
3	轴	1	40Cr	
2	销 6 m6×35	1	45	GB/T 119.1
1	齿轮	1	45	

9	螺钉 M4×14	1	Q235A	GB/T 65	序号	名称	数量	材料	备注
8	端盖	1	HT 250		比例			数量	图号
7	带轮	1	Q235A		轴系结构装配图			
6	键 5×5×15	1	45	GB/T 1096	1:1.5			
					制图			(校名)	
5	轴承 6204	1		GB/T 276	审核				

1. 填空题。（每空 1 分，共 6 分）

(1) 在物体的视图中，细点画线常代表物体_____或_____的投影。

(2) 图样中的尺寸表示物体的_____。

(3) 正投影的投影规律是：

主、俯视图_____，主、左视图_____，俯、左视图_____。

2. 选择题，在正确选项的字母上画"√"。（每个选择 2 分，共 8 分）

(1)

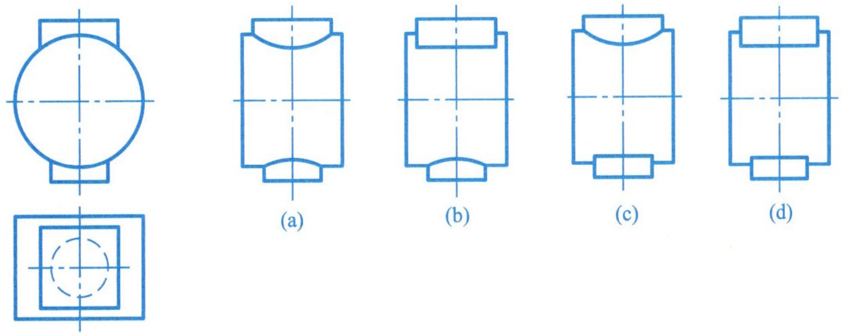

(a)　　(b)　　(c)　　(d)

(2)

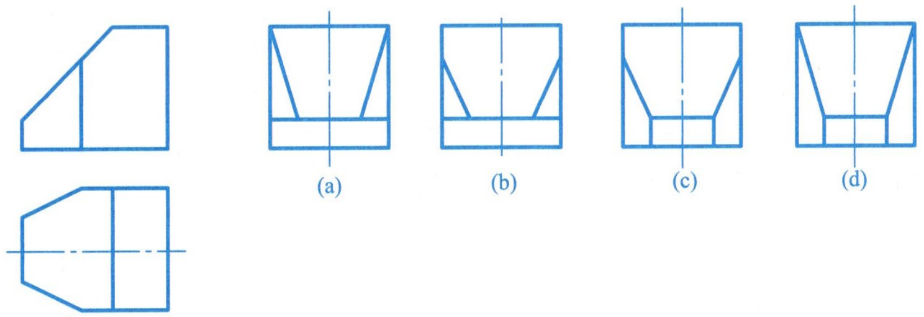

(a)　　(b)　　(c)　　(d)

(3)

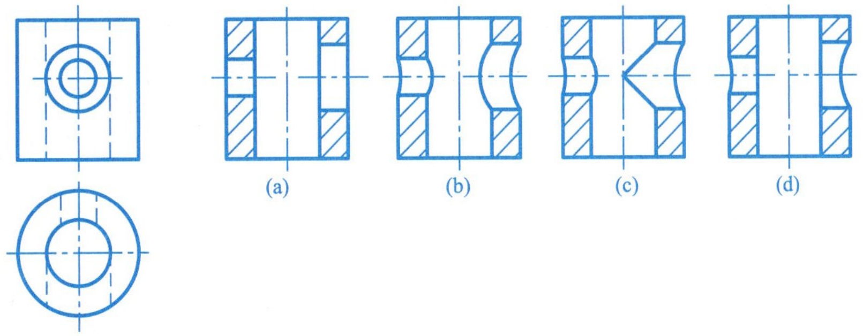

(a)　　(b)　　(c)　　(d)

(4)

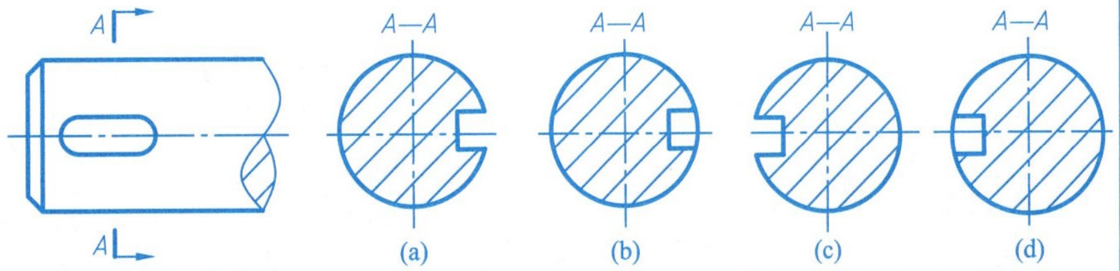

A—A　　A—A　　A—A　　A—A

(a)　　(b)　　(c)　　(d)

3. 基本作图题。（每小题 10 分，共 30 分）

(1) 求作立体的侧面投影　　(2) 求作立体的水平投影 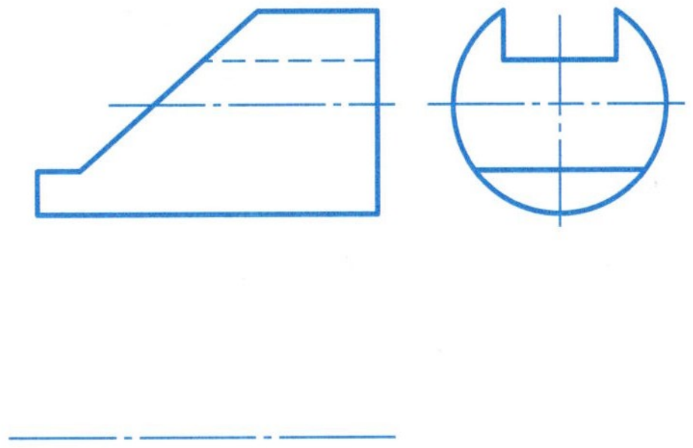　　(3) 求作立体的正面投影

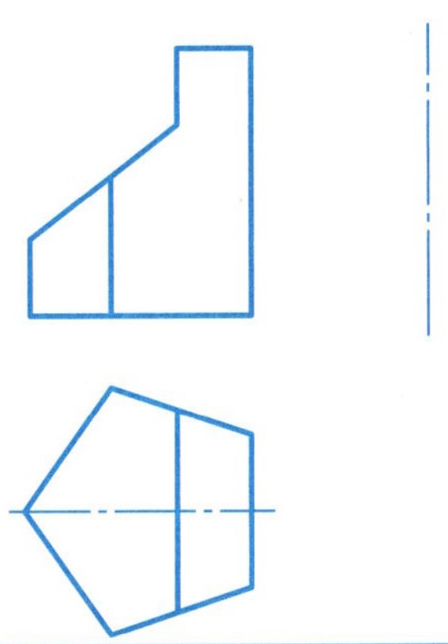

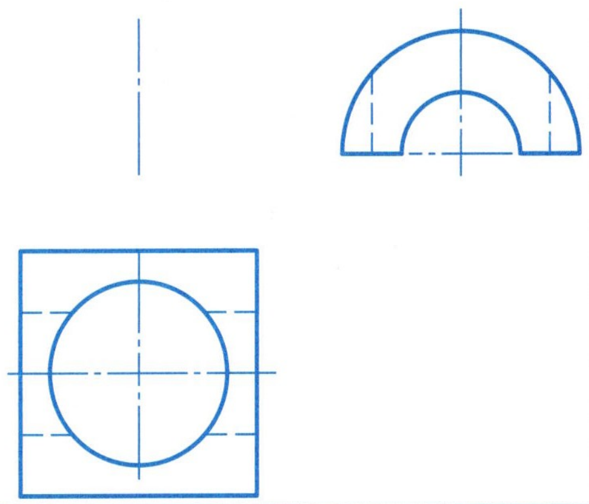

4. 补画组合体的第三面视图，保留细虚线。（每小题 15 分，共 30 分）

(1)　　　　　　　　　　　　(2)

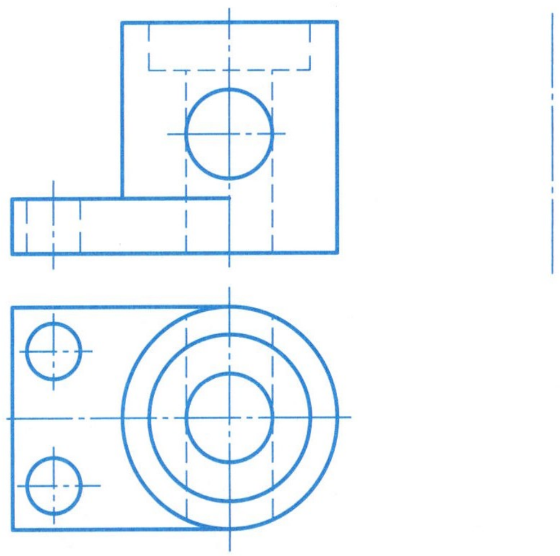

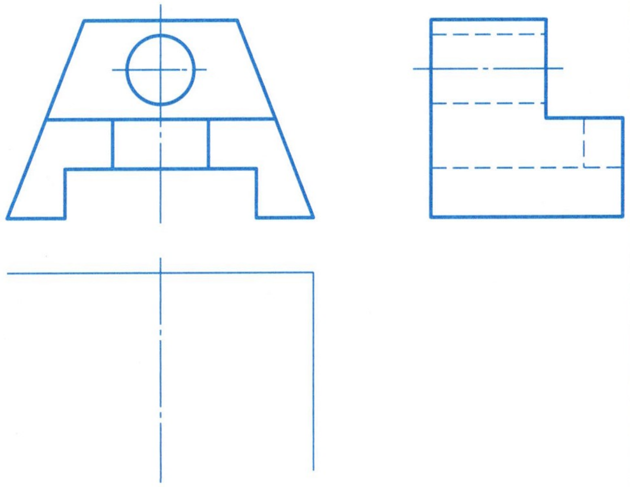

5. 绘制立体全剖左视图。（16 分）

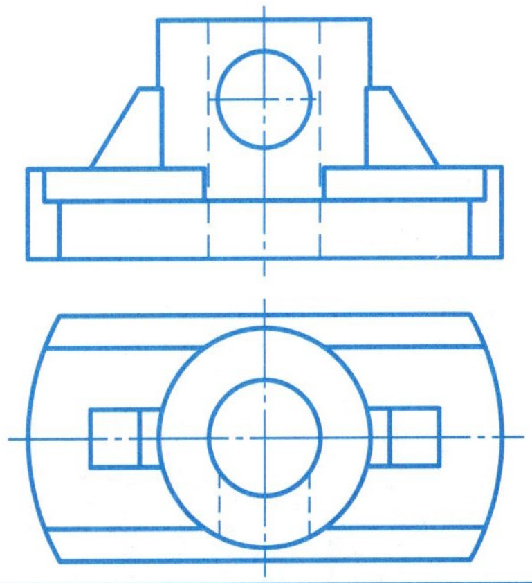

6. 求作 A—A 及 B—B 移出断面图。（10 分）

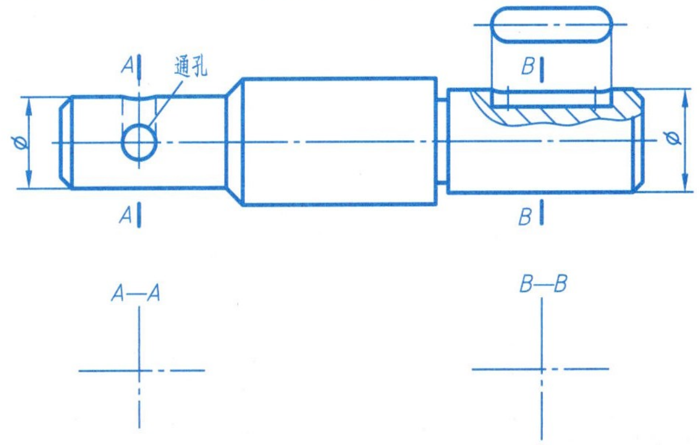

A　通孔

A—A　　　　　B—B

综合测试二（多学时）

| 专业班级 | 学号 | 姓名 | 56 |

1. 选择与主视图对应的俯视图及立体图,并将其编号填入表中。(14分)

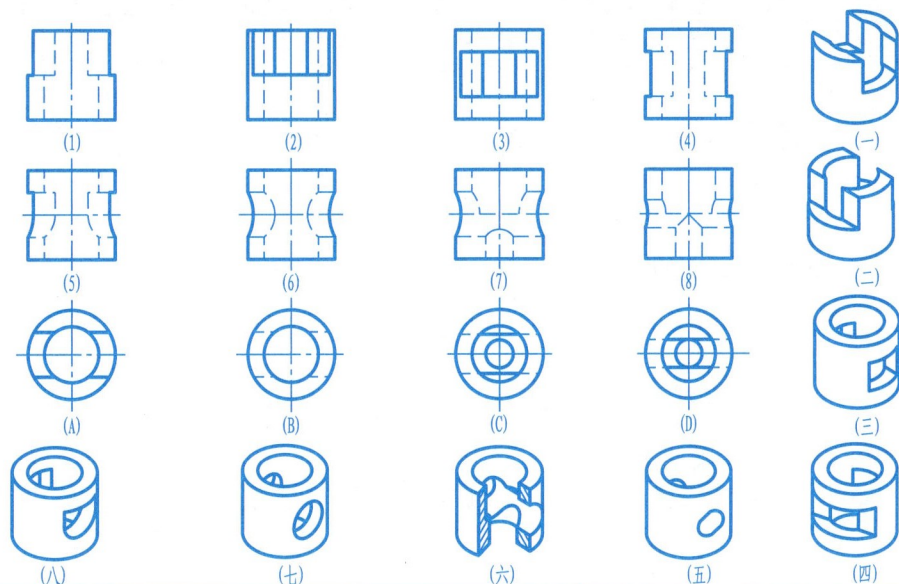

主视图	俯视图	立体图
(1)	(A)	(一)
(2)		
(3)		
(4)		
(5)		
(6)		
(7)		
(8)		

6. 完成下列螺纹的标注。(6分)

(1) 55°非密封管螺纹,尺寸代号1/2,公差等级代号A,左旋。

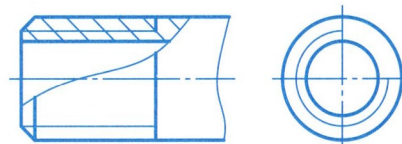

(2) 粗牙普通螺纹,公称直径为20mm,螺距2mm,右旋,单线,中径的公差代号7H,顶径的公差代号7H,中等旋合长度。

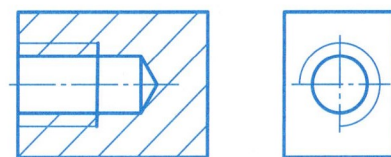

典型题解

7. 用给定的螺纹紧固件,完成螺柱连接图。(8分)

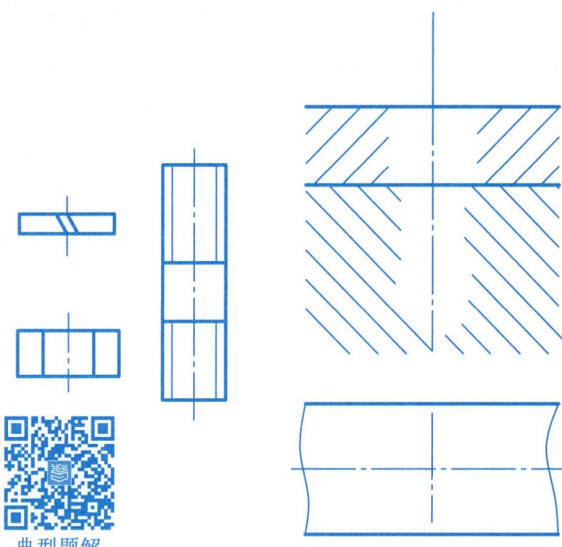

2. 完成切割四棱锥俯视图,补画左视图。(8分)

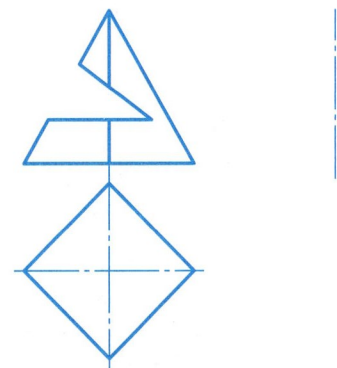

3. 完成两圆柱面交线的投影。(4分)

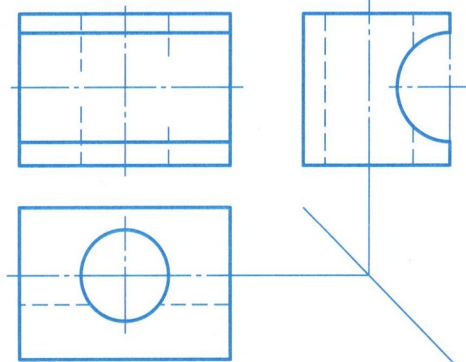

8. 画出 A—A 全剖主视图。(15分)

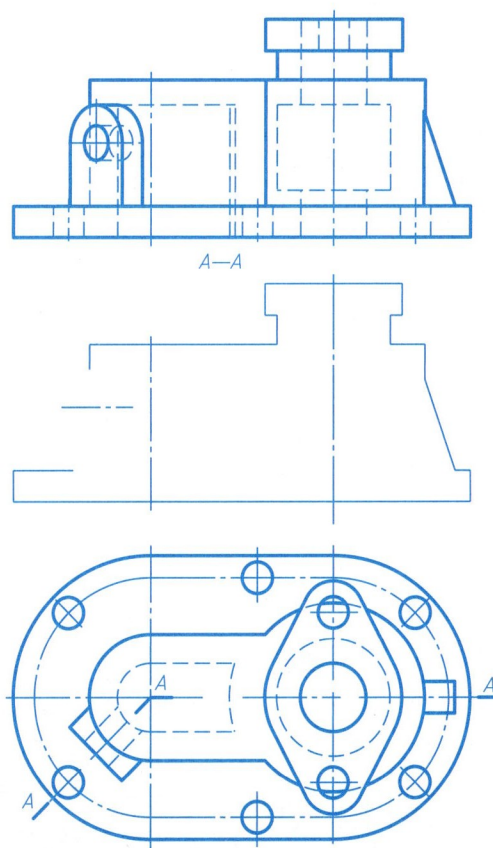

A—A

9. 画出指定位置处的移出断面图。(5分)

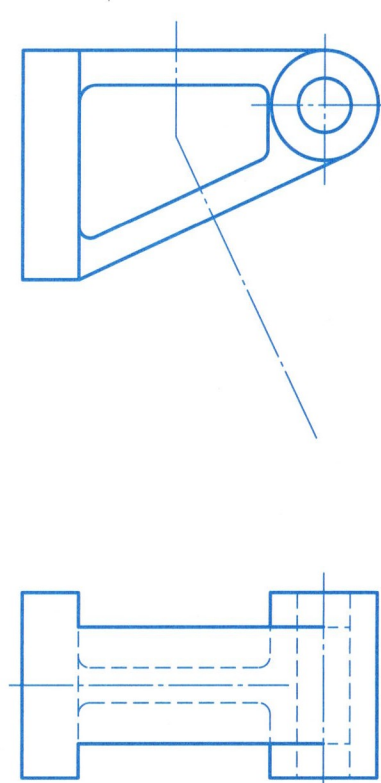

4. 补画立体俯视图。(8分)

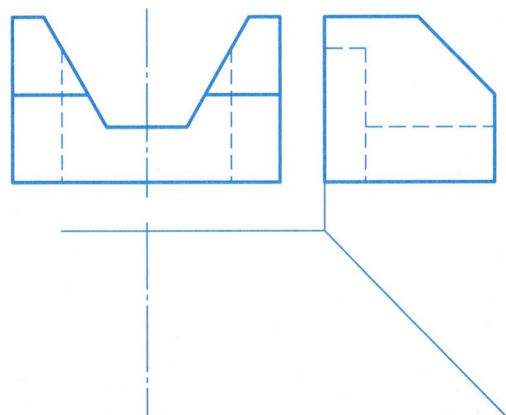

5. 补画立体左视图。(8分)

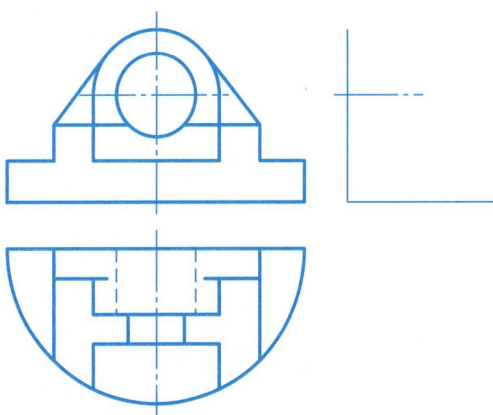

| 专业班级 | 学号 | 姓名 | 57 |

10. 阅读零件图,完成填空题并画出 B—B 断面图。(15 分)

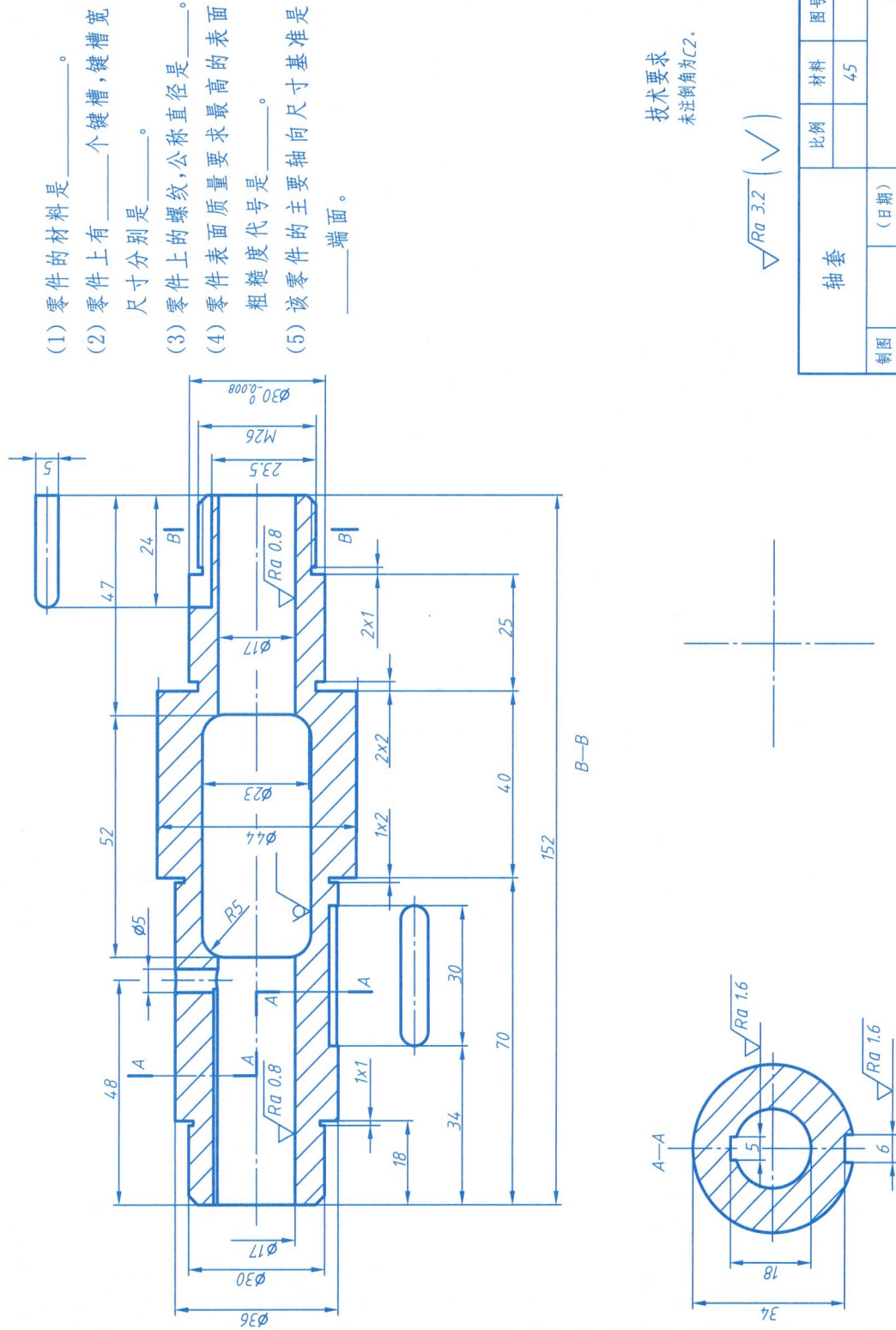

(1) 零件的材料是_____。
(2) 零件上有_____个键槽,键槽宽尺寸分别是_____。
(3) 零件上的螺纹,公称直径是_____。
(4) 零件高质量要求最高的表面粗糙度代号是_____。
(5) 该零件的主要轴向尺寸基准是_____端面。

技术要求
未注倒角为C2.

$\sqrt{Ra\ 3.2}$ (√)

图号		
材料	45	
比例		
抽套		
(日期)		
制图		
审核		

$\sqrt{Ra\ 0.8}$

$\sqrt{Ra\ 1.6}$

$\sqrt{Ra\ 1.6}$

$\sqrt{Ra\ 0.8}$

A—A
B—B

11. 读手动气阀装配图,完成填空。(9分,每空1分)

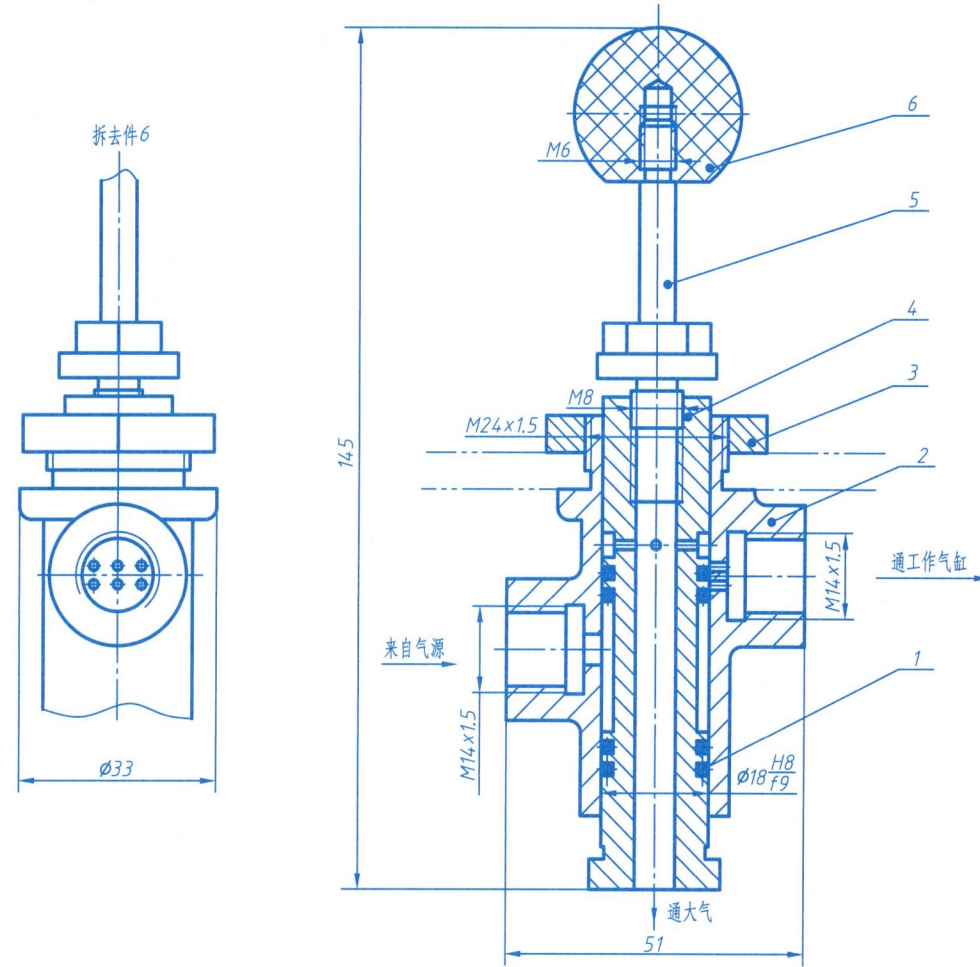

拆去件6

(1) 该部件共有_____种零件,_____个零件。
(2) 在该部件中,有_____处螺纹连接,全剖主视图中的细双点画线属于装配图的_____画法。
(3) 写出件2(阀体)与件4(气阀杆)的装配尺寸_____。
(4) 该装配图中的右视图采用了装配图的_____画法。
(5) 该部件的总体尺寸分别是_____mm、_____mm、_____mm。

手动气阀的工作原理

当握住手柄球将气阀杆拉到最高位置时,来自气源的高压气体与工作气缸接通,工作气缸处于高压状态;当气阀杆被推到最低位置时,气源与工作气缸的通道被关闭,工作气缸内的气体通过气阀杆的孔与大气相通,处于常压状态。气阀杆和阀体为间隙配合,用4个O形密封圈加强密封。螺母是用于固定该部件的。

6	手柄球	1	酚醛塑料	
5	连接杆	1	25	
4	气阀杆	1	45	
3	螺母	3	H62	
2	阀体	1	ZCuZn38	
1	O形密封圈	4	橡胶	
序号	名称	数量	材料	备注

手动气阀		比例		图号	
		质量		日期	
制图					
审核		佳能公司			

自测题参考答案

第1章

第1题（共29分，每空1分）　　　　第2题（18分）

(1) 粗实线,细虚线,粗实线,细虚线,细点画线

(2) 2,短画,间隔,长短画

(3) 长,2至3

(4) 图样,实物,实物,图形的

(5) 1:1,缩小,放大,真实

(6) 单位,单位

(7) 尺寸界线,尺寸线,尺寸线终端,不能,不能

(8) 上,左,水平

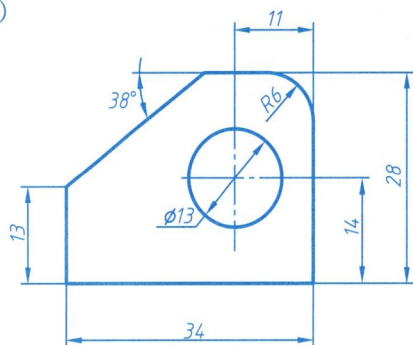

第5题（共14分,点投影每个1分,每个填空1分）

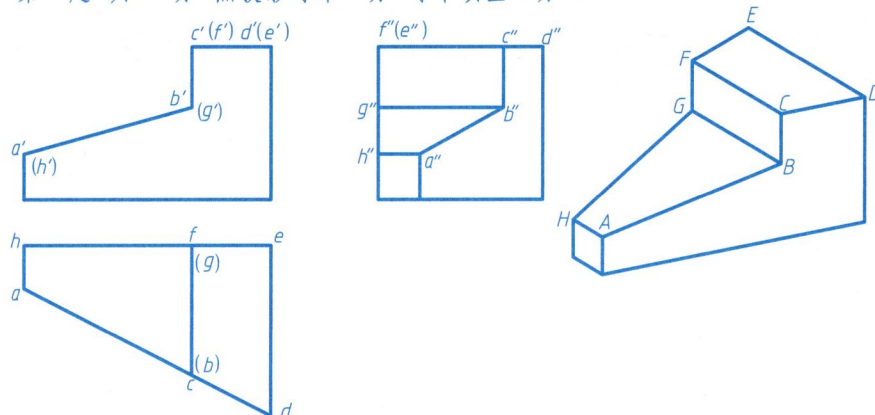

AB是倾斜线。

BC是铅垂线。

CD是水平线。

DE是正垂线。

ABCH是正垂面。

BCFG是侧平面。

第2章

第1题（共55分，每空1分）

(1) 彼此平行,垂直于

(2) 前,后,主,上,下,俯,左,右,左

(3) 长对正,高平齐,宽相等

(4) X,Z,侧面

(5) 平行,投影面垂直线

(6) 实长,平行

(7) Y,水平,侧面,Y,正面

(8) Z,正面,侧面,Z,水平

(9) X,正面,水平,X,侧面

(10) 垂直,投影面平行面

(11) Z,正面,侧面,Z,水平

(12) Y,水平,侧面,Y,正面

(13) X,正面,水平,X,侧面

(14) 倾斜,缩小

第3题（共15分）

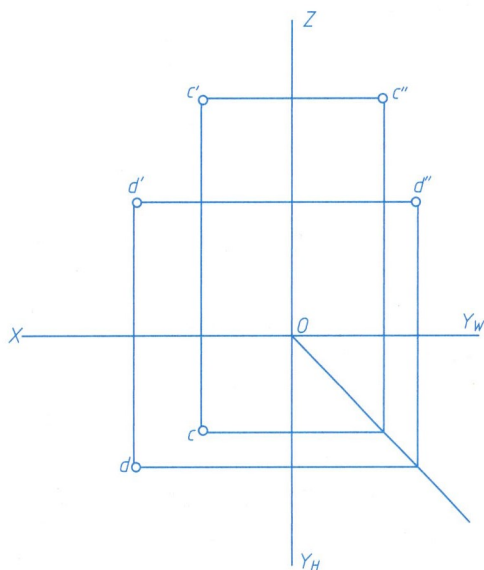

第2题（共6分，每个投影2分）

第4题（共10分，每小题5分）

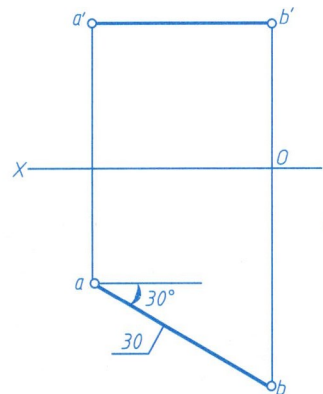

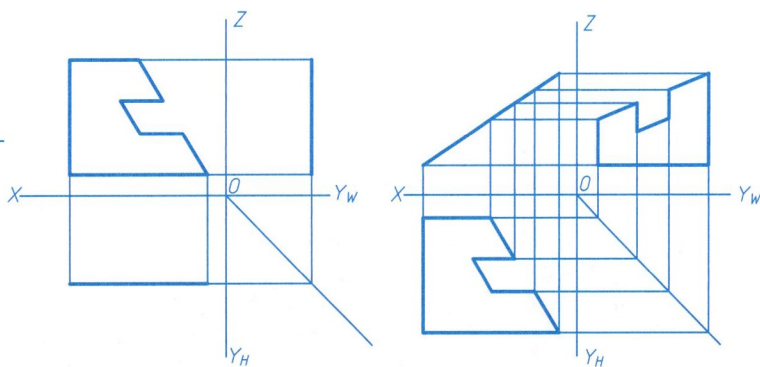

第3章　　　　第2题（共16分，每点2分）

第1题（共18分，每小题3分）

(1) c,(2) a,(3) c,

(4) a,(5) a,(6) c,

第3题（共30分，每小题5分）

(1) d,(2) c,(3) b,

(4) b,(5) c,(6) b,

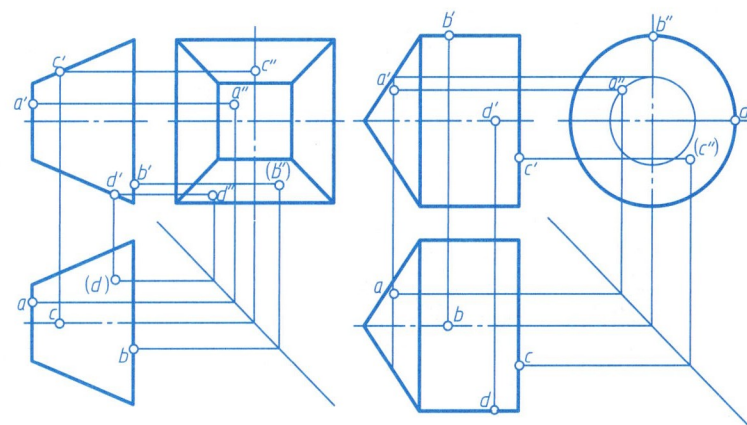

第4题（共16分）　　　　第5题（共20分）

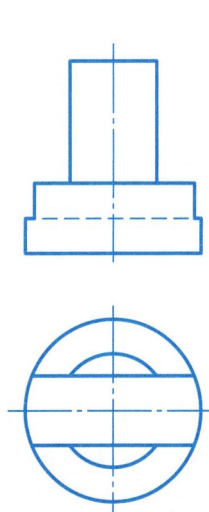

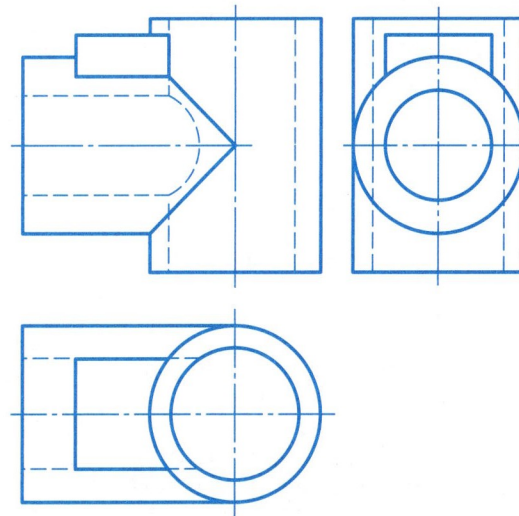

第5章　　　(1)(4分)　　　　　　(2)(10分)

第1题(共14分)

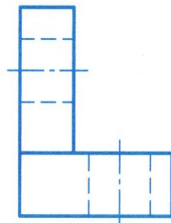

第2题(共22分)

(1)(7分，一线1分)

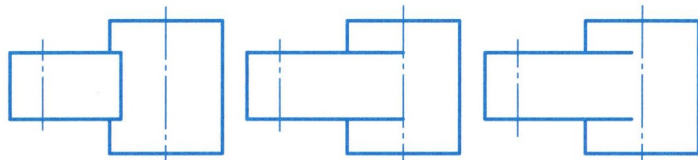

(a)　　　(b)　　　(c)

(2)(15分，一线1分)

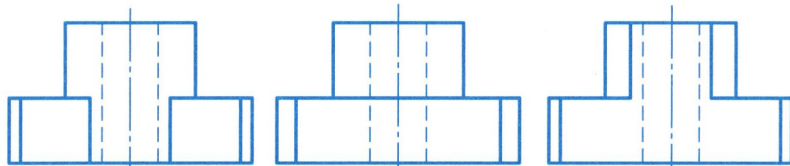

(a)　　　(b)　　　(c)

第3题(共64分)

(1)(16分)

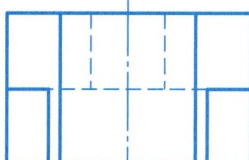

(2)(22分)

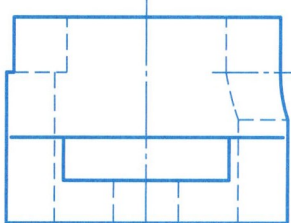

(3)(36分)

第6章　第1题(共60分，主、俯视图各30分)

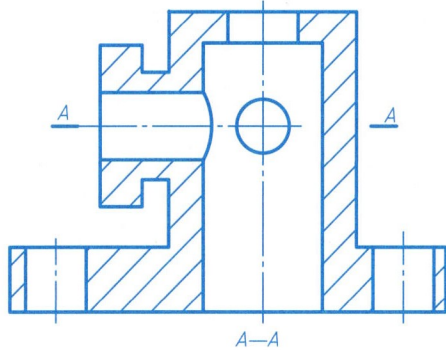

A—A

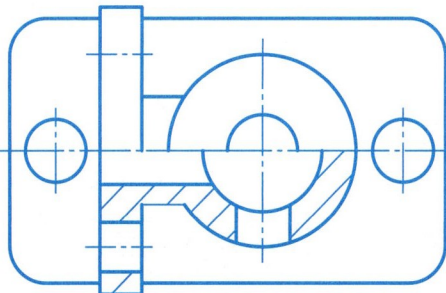

第2题(共10分)

(2)

第3题(共30分，全剖视图20分，断面图10分)

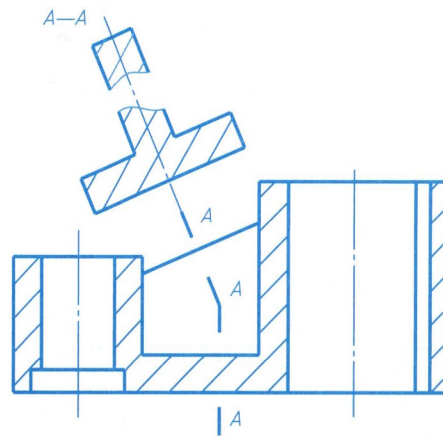

A—A

第7章　第1题(共51分，每空1分)

(1) 标准件，一般零件

(2) 牙型，大径，线数，螺距和导程，旋向，牙型，大径，螺距

(3) 普通螺纹，梯形螺纹，锯齿形螺纹，管螺纹，传动螺纹，连接螺纹，标准螺纹，非标准螺纹，特殊螺纹

(4) 常见，规定，国家标准规定

(5) 内、外螺纹五要素相同

(6) 外螺纹，同一

(7) 大于，120°

(8) 大，小

(9) M，Tr，B，G，R，Rc，Rp

(10) 特征代号 公称直径×螺距–中、顶径公差带代号–旋合长度代号–旋向

(11) 特征代号 公称直径×导程(P 螺距)旋向–中径公差带代号–旋合长度代号

(12) 特征代号 尺寸代号 精度等级–旋向

(13) 国家标准代号 名称 类型规格

(14) 连接，定位，小

(15) 模数相同

(16) 粗实，细点画，细实，粗实

(17) 规定画法，特征画法，通用画法

第2题(共9分，螺纹选择3分，齿轮选择每个2分)　(1)(a)　(2)(c)(d)(e)

第3题　(1)(20分)　　　　　　　　　　　　(2)(20分)

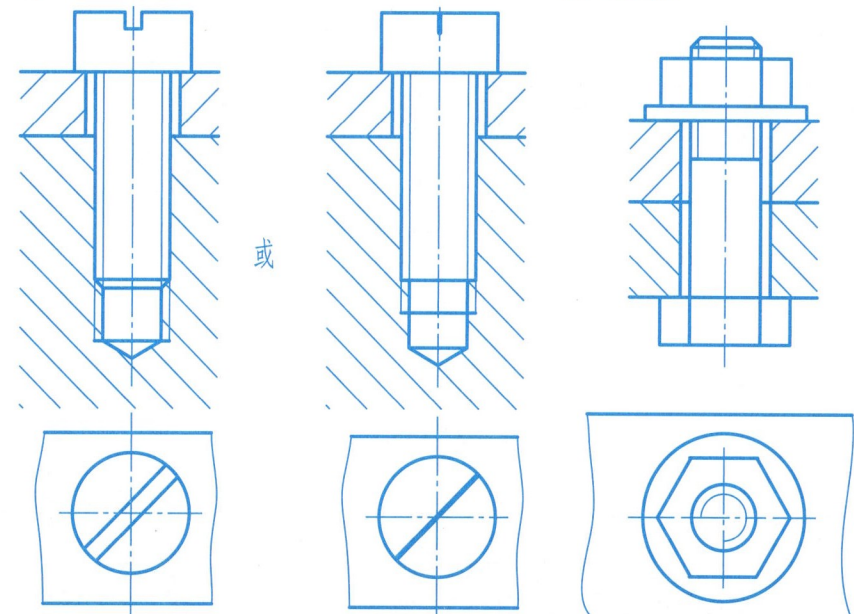

或

专业班级	学号	姓名	60

第8章

第1题(共46分,每空2分)

(1) 一组视图,完整的尺寸,技术要求和标题栏

(2) 尺寸公差,表面结构(表面粗糙度)

(3) 零件加工位置、工作位置,零件的形状特征

(4) 盘盖类,箱体类

(5) 6.3 μm,3.2 μm,0.8 μm

(6) 公称尺寸,公差带代号,基本偏差,公差等级

(7) 间隙配合,过渡配合,过盈配合

(8) 基孔制,基轴制

第2题(共23分,每错3分,几何公差标注5分)

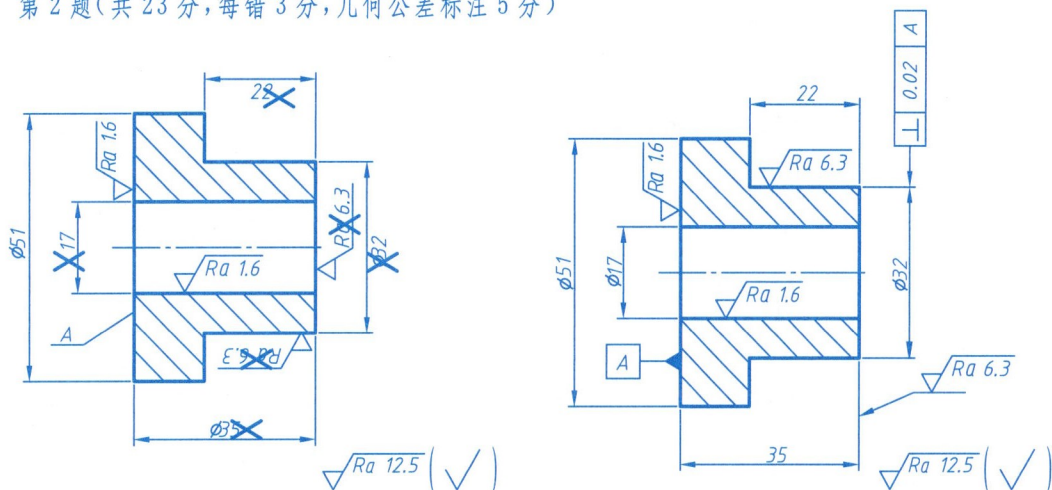

第3题(共31分,基准6分,每空1.5分,断面图7分)

(1) 用箭头在图上标注出(φ10H9轴线是长和宽基准,底面为高基准)

(2) 普通螺纹,公称尺寸,螺距,右旋,中径和顶径公差带代号

(3) 10,24,10,20

(4) 49.97,49.94

(5) 不去除材料

(6) 在指定位置画出 C—C 的断面图:

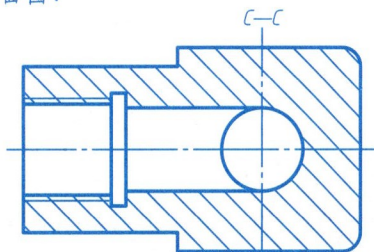

第9章

第1题(共42分,每空2分)

(1) 一组视图,必要的尺寸,技术要求,明细栏和标题栏

(2) 一条线,方向相反,不等,不剖

(3) 沿接合面剖切,单个零件表达,拆卸画法,假想画法,简化画法

(4) 性能尺寸,装配尺寸,安装尺寸,外形尺寸,其他重要尺寸

(5) 装配要求,检验要求,使用要求

第2题(共58分)

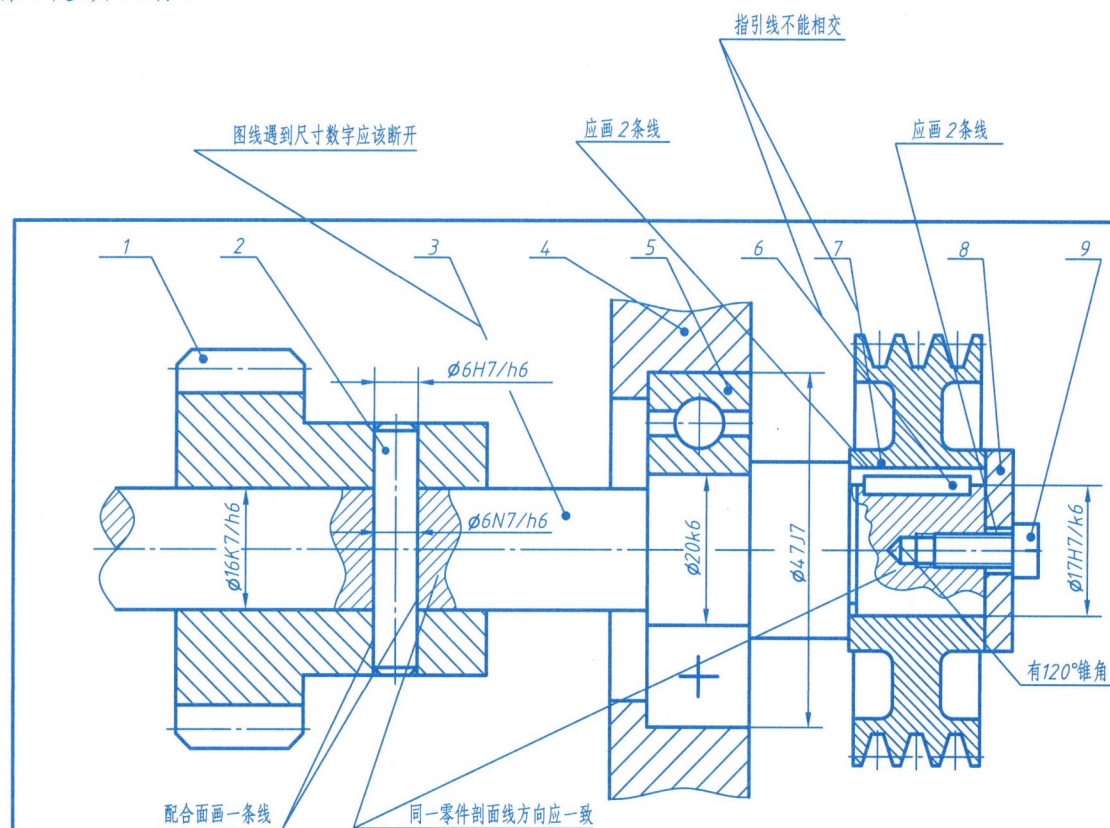

4	机架	1	HT250	
3	轴	1	40Cr	
2	销 6m6×35	1	45	GB/T 119.1
1	齿轮	1	45	

9	螺钉 M4×14	1	Q235A	GB/T 65
8	端盖	1	HT250	
7	带轮	1	Q235A	
6	键 5×5×15	1	45	GB/T 1096
5	轴承 6204	1		GB/T 276
序号	名称	数量	材料	备注

轴系结构装配图	比例	质量/kg	图号
	1:1.5		
	制图		
	审核	(校名)	

综合测试一（少学时）

第1题（1）轴线，对称面；（2）真实大小；（3）长对正，高平齐，宽相等

第2题（1）b；（2）c；（3）c；（4）a

第3题

（1）　　　　　　（2）　　　　　　（3）　　　　第5题

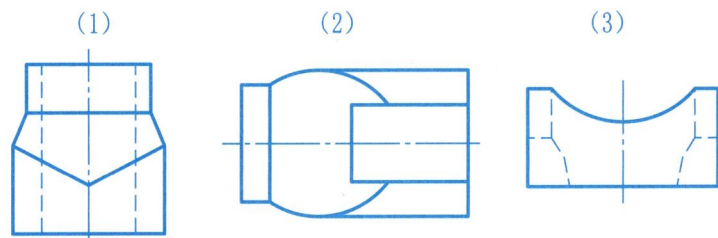

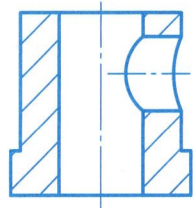

第4题

（1）　　　　　　　　（2）

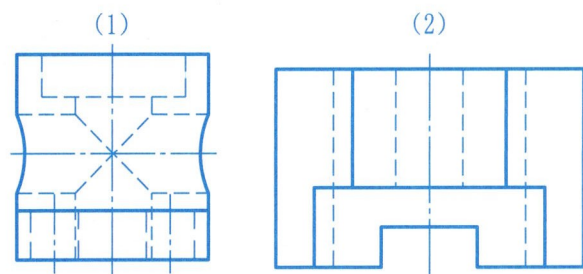

第6题

A—A　　　B—B

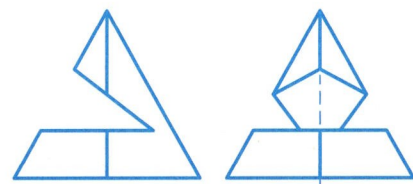

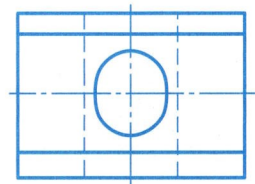

综合测试二（多学时）

第1题　　　　第2题　　　　　　　　第3题

主视图	俯视图	立体图
(1)	(A)	(一)
(2)	(A)	(二)
(3)	(B)	(四)
(4)	(B)	(三)
(5)	(B)	(八)
(6)	(B)	(七)
(7)	(C)	(六)
(8)	(D)	(五)

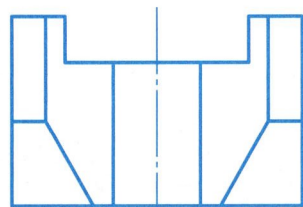

第4题　　　　　　　第5题

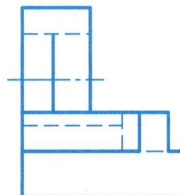

第6题　　　　　　　　　　　　　　　　第7题

（1）　　　G1/2A-LH

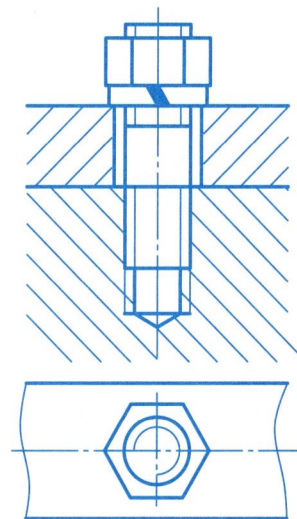

（2）　　　M20-7H

第8题　　　　　　　　　　　　　　　第9题

A—A

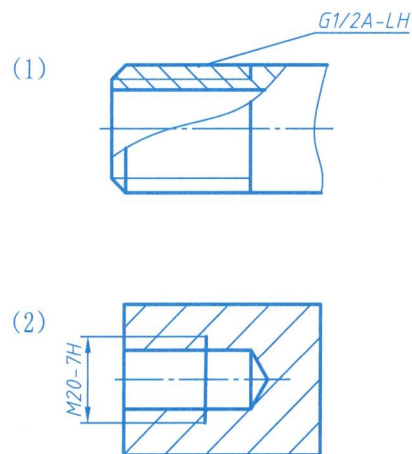

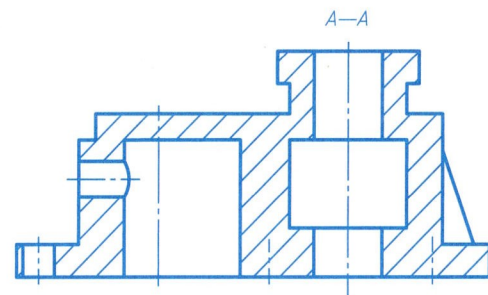

第10题（1）45钢；（2）3个，5、6、5；（3）M26；（4）$\sqrt{Ra\ 0.8}$；（5）左

B—B

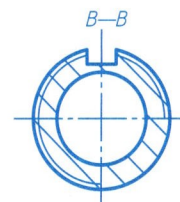

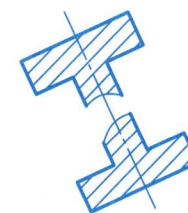

第11题（1）6，11；（2）5，假想；（3）$\phi18\dfrac{H8}{f9}$；（4）拆卸；（5）长51、宽33、高145

郑 重 声 明

读者意见反馈

为收集对教材的意见建议，进一步完善教材编写并做好服务工作，读者可将对本教材的意见建议通过如下渠道反馈至我社。

咨询电话　400-810-0598

反馈邮箱　gjdzfwb@pub.hep.cn

通信地址　北京市朝阳区惠新东街4号富盛大厦1座　高等教育出版社总编辑办公室

邮政编码　100029

防伪查询说明

用户购书后刮开封底防伪涂层，使用手机微信等软件扫描二维码，会跳转至防伪查询网页，获得所购图书详细信息。

防伪客服电话　（010）58582300

网络增值服务使用说明

一、注册/登录

访问 http://abook.hep.com.cn/，点击"注册"，在注册页面输入用户名、密码及常用的邮箱进行注册。已注册的用户直接输入用户名和密码登录即可进入"我的课程"页面。

二、课程绑定

点击"我的课程"页面右上方"绑定课程"，正确输入教材封底防伪标签上的20位密码，点击"确定"完成课程绑定。

三、访问课程

在"正在学习"列表中选择已绑定的课程，点击"进入课程"即可浏览或下载与本书配套的课程资源。刚绑定的课程请在"申请学习"列表中选择相应课程并点击"进入课程"。

如有账号问题，请发邮件至：abook@hep.com.cn。